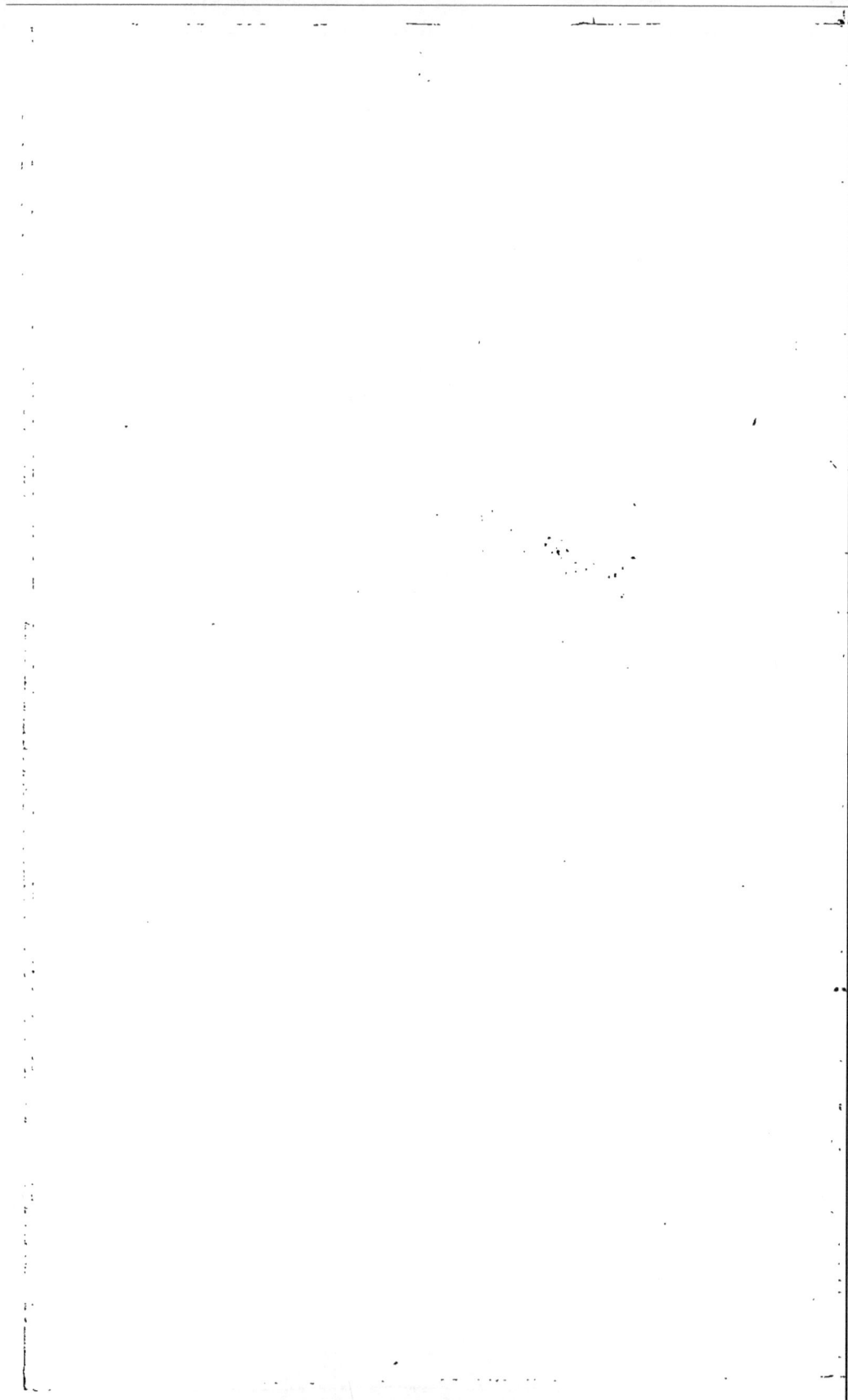

Bibliothèque Polytechnique.

INSTRUCTION ÉLÉMENTAIRE

SUR LA CONDUITE

DES

ARBRES FRUITIERS

GREFFES. — TAILLE. — RESTAURATION
DES ARBRES MAL TAILLÉS OU ÉPUISÉS PAR LA VIEILLESSE.
CULTURE,
RÉCOLTE ET CONSERVATION DES FRUITS

PAR

M. A. DU BREUIL,

Chargé du Cours d'arboriculture au Conservatoire impérial
des Arts et Métiers,
Membre de la Société impériale et centrale d'horticulture de France,
correspondant de la Société Impériale et centrale
d'agriculture de France, etc.

Ouvrage destiné aux Jardiniers, aux Élèves des fermes-écoles et des écoles normales primaires

PARIS

LANGLOIS ET LECLERCQ | VICTOR MASSON
RUE DES MATHURINS-SAINT-JACQUES, 10 | PLACE DE L'ÉCOLE-DE-MÉDECINE

1854

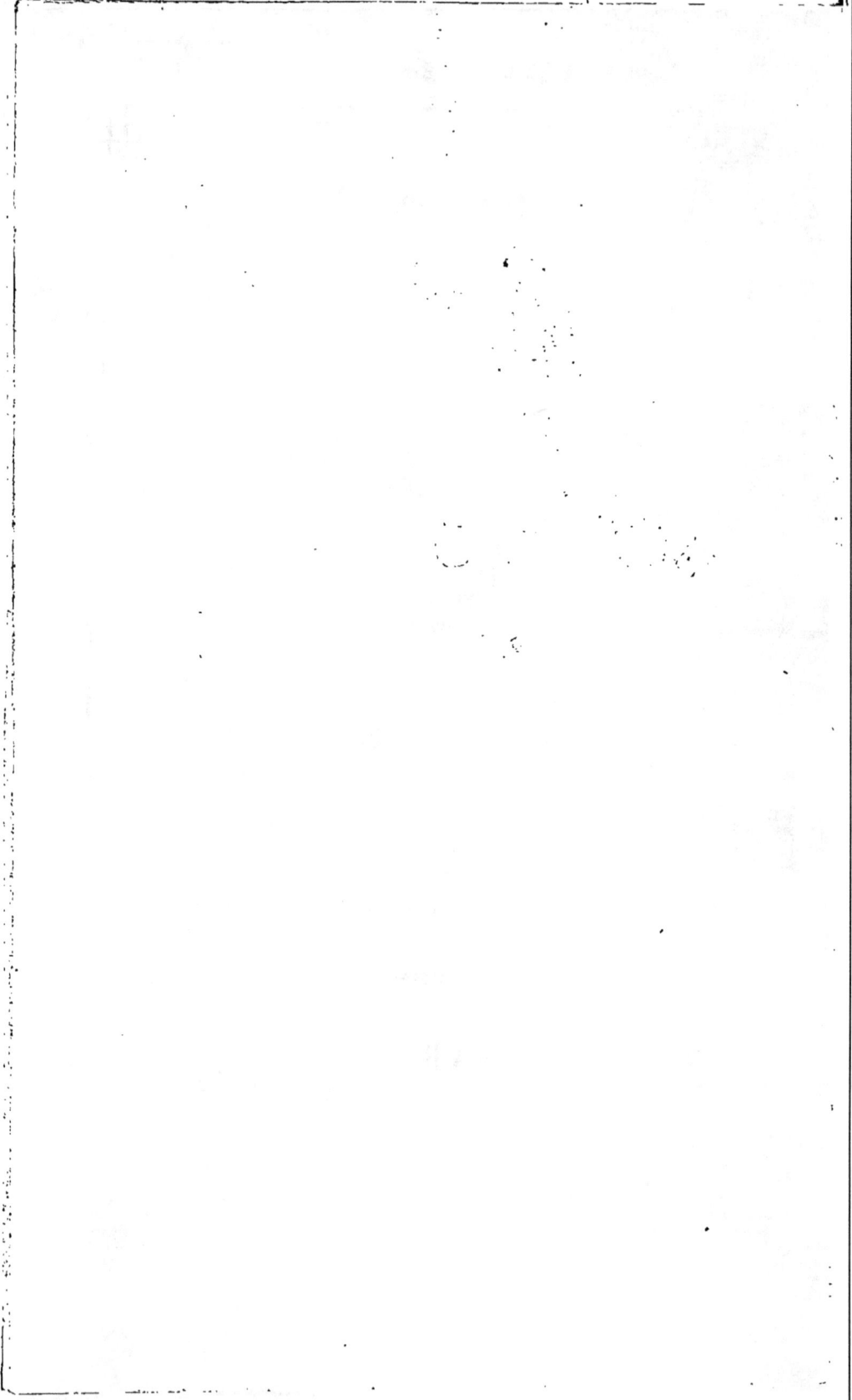

Bibliothèque Polytechnique.

INSTRUCTION ÉLÉMENTAIRE

SUR LA CONDUITE

DES

ARBRES FRUITIERS.

Paris. — Imprimerie de L. MARTINET, rue Mignon, 2.

INSTRUCTION ÉLÉMENTAIRE

SUR LA CONDUITE

DES

ARBRES FRUITIERS

GREFFES. — TAILLE. — RESTAURATION
DES ARBRES MAL TAILLÉS OU ÉPUISÉS PAR LA VIEILLESSE.
CULTURE.
RÉCOLTE ET CONSERVATION DES FRUITS.

PAR

M. A. DU BREUIL,

Chargé du Cours d'arboriculture au Conservatoire impérial
des Arts et Métiers,
Membre de la Société impériale et centrale d'horticulture de France,
correspondant de la Société impériale et centrale
d'agriculture de France, etc.

———

Ouvrage destiné aux Jardiniers, aux Élèves des fermes-écoles et des Écoles normales primaires.

PARIS

LANGLOIS ET LECLERCQ | VICTOR MASSON
RUE DES MATHURINS-SAINT-JACQUES, 10 | PLACE DE L'ÉCOLE-DE-MÉDECINE

1854

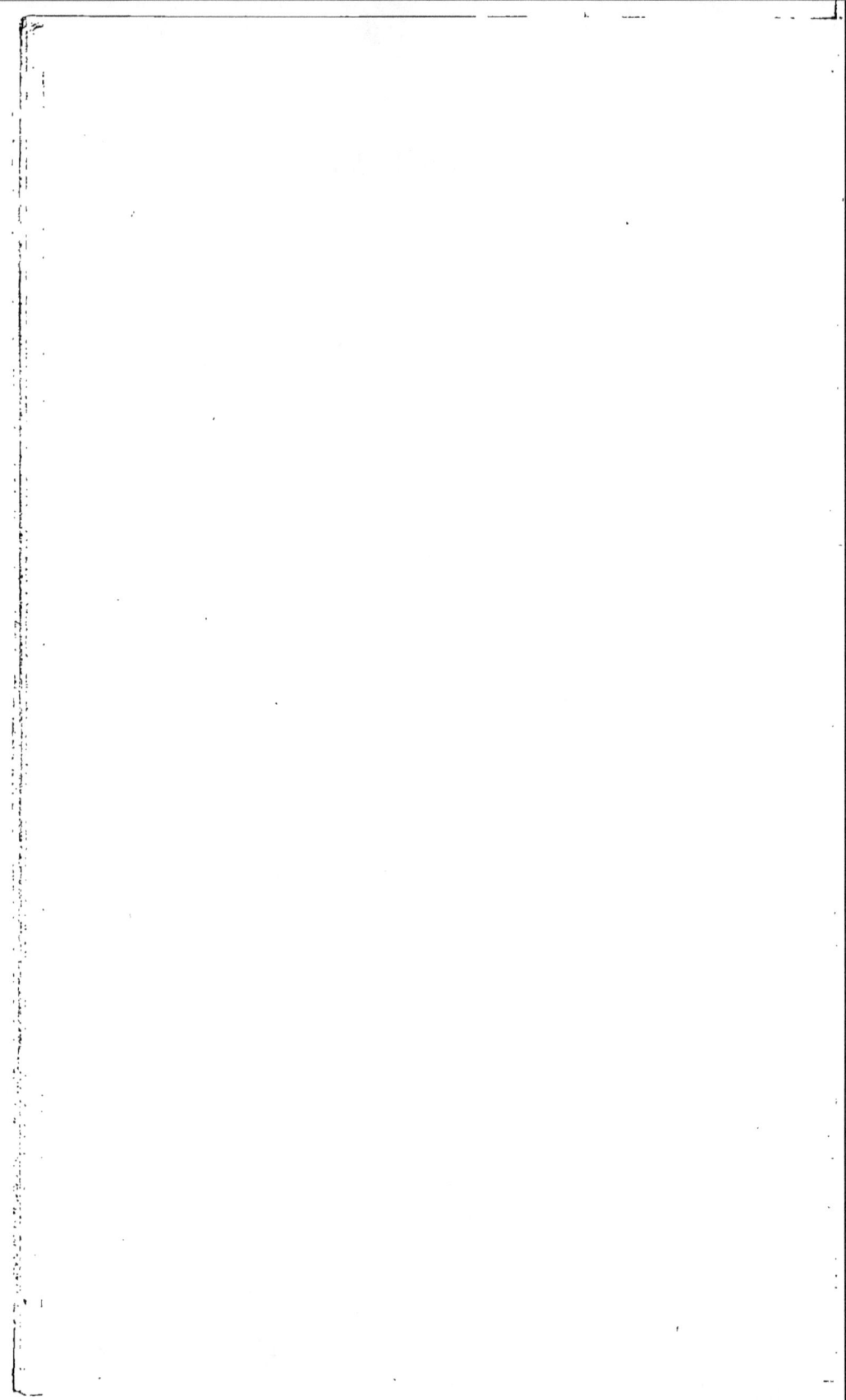

TABLE MÉTHODIQUE

DES MATIÈRES CONTENUES DANS CET OUVRAGE.

———————

Lorsque je publiai, en 1846, la première édition de mon *Cours théorique et pratique d'arboriculture*, je ne songeai d'abord qu'aux arbres fruitiers propres au nord, à l'est et à l'ouest de la France. Ainsi limité, ce livre suffisait aux propriétaires de ces contrées et ne dépassait pas cependant l'étendue des ouvrages élémentaires destinés aux jeunes adeptes de l'art horticole. Mais les réclamations nombreuses que j'ai reçues du Midi m'ont engagé à ajouter à la seconde édition l'arboriculture propre à cette région (mûrier, olivier, figuier, etc., etc.). J'y ai joint également la sylviculture et le vignoble. Enfin la troisième édition de cet ouvrage, qui vient de paraître (1), a reçu de nombreux

(1) *Cours théorique et pratique d'arboriculture*, deux parties in-18 jésus, illustrées de 811 figures dans le texte. Paris, Langlois et Leclercq, rue des Mathurins-Saint-Jacques ; et Victor Masson, place de l'École-de-Médecine.

développements théoriques et pratiques dans toutes ses parties. C'est aujourd'hui un traité complet de l'arboriculture française, parfaitement approprié aux besoins de tous les propriétaires et des jardiniers instruits, mais trop étendu pour les élèves jardiniers et pour ceux des Fermes-écoles et des Écoles normales primaires.

C'est donc spécialement pour ces jeunes élèves que j'ai rédigé l'*Instruction élémentaire sur la conduite des arbres fruitiers* que je livre aujourd'hui au public. La destination de ce petit livre a dû me le faire restreindre le plus possible; aussi ne comprend-il que les faits principaux relatifs à la culture des espèces d'arbres fruitiers les plus importants. C'est en quelque sorte une introduction à mon *Cours théorique et pratique d'arboriculture*, dans lequel ces mêmes matières ont reçu tout le développement dont elles étaient susceptibles.

INSTRUCTION ÉLÉMENTAIRE

SUR LA CONDUITE

DES ARBRES FRUITIERS

———◆◆◆———

DE LA GREFFE.

———

PRINCIPALES SORTES DE GREFFES EMPLOYÉES POUR LES ARBRES FRUITIERS.

Presque tous les arbres fruitiers sont multipliés au moyen de la greffe. Nous devons donc étudier d'abord cette opération, en n'examinant toutefois que les greffes dont la pratique est réellement utile.

On donne le nom de *sujet* à l'arbre que l'on opère, et celui de *greffe* à la portion de rameau qu'on y implante.

Instruments, ligatures et engluements.

Il faut être pourvu des instruments suivants pour pratiquer la greffe. D'abord d'une *scie à main*, ou *égohine* (fig. 1), qui sert à couper les tiges ou les branches trop grosses pour être tranchées avec la serpette. La lame de cet instrument doit être mince au dos, tandis que les dents ouvrent une large voie. Cette disposition permet de couper facilement le bois vert.

On emploie également la *serpette* pour couper ou fendre

les branches ou les tiges peu volumineuses qui doivent
recevoir la greffe. Nous donnons plus loin la description
de cet instrument en parlant de la taille (p. 41).

On doit encore être muni d'un petit *maillet* de bois destiné à frapper sur le dos de la serpette, pour l'aider à
fendre les tiges volumineuses, et d'un petit *coin*, également
de bois, que l'on introduit dans cette fente pour la main-

FIG. 1.   FIG. 2.

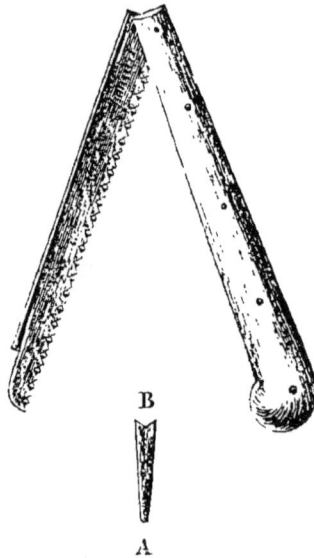

Scie à main.   Greffoir.

tenir entr'ouverte pendant qu'on y place la greffe. Enfin,
on se munit d'un *greffoir* (fig. 2). La spatule qui en termine la partie inférieure doit être de bois très dur, d'os,
ou d'ivoire. C'est avec cette sorte de petit couteau qu'on
taille la base des rameaux qui servent de greffe, et qu'on
pratique entièrement la greffe en écusson que nous décrivons plus loin.

Les greffes ont besoin, pendant tout le temps de leur reprise, d'être maintenues dans une position fixe ; on les entoure donc de ligatures, composées de laine grossièrement filée et peu tordue, ou d'écorce de saule ou de tilleul assouplies par un court séjour dans l'eau.

Enfin, on emploie divers engluements pour garantir du contact de l'air les plaies que détermine la pratique d'un grand nombre de greffes. Les uns, tels que l'*onguent de Saint-Fiacre*, ont pour base la terre argileuse ; les autres, connus sous le nom de *mastic à greffer*, se composent en grande partie de matières résineuses. Les onguents de Saint-Fiacre ont l'inconvénient d'être entraînés par les pluies abondantes, ou bien de se fendiller en séchant, et les plaies ne sont plus alors qu'imparfaitement abritées.

D'un autre côté, s'il s'agit de pommiers, cet engluement sert de refuge à certains insectes qui font naître sur l'écorce des exostoses très nuisibles au succès de l'opération.

Les mastics à greffer ne présentent aucun de ces inconvénients ; celui dont nous donnons la composition nous a toujours complétement réussi.

Pour 100 parties en poids.

Poix noire	28
Poix de Bourgogne	28
Cire jaune	16
Suif	14
Ocre jaune	14
	100

Ce mélange doit être employé assez chaud pour être liquide, mais pas assez pour altérer les tissus de l'arbre.

On l'étend sur les plaies à l'aide d'une petite brosse ou pinceau.

Diverses sortes de greffes.

Les greffes appliquées aux arbres fruitiers peuvent être rangées dans les trois groupes suivants :

1° Greffes par approche.

Elles offrent pour caractère de n'être séparées de leur pied mère qu'après s'être complétement soudées avec le sujet. On les exécute ordinairement au printemps.

Greffe par approche ordinaire. — Elle peut être employée pour compléter le nombre des branches latérales sur un arbre en pyramide en formation, lorsqu'il n'existe aucune ancienne insertion de rameau ou de bouton et que l'emploi de l'entaille serait sans effet. Admettons qu'il y ait un vide en A (fig. 3), la greffe par approche permettra de le combler à l'aide du rameau B. On pratiquera d'abord une entaille immédiatement au-dessus du point où le rameau B doit être greffé, afin d'y arrêter la séve des racines (A, fig. 4), puis, immédiatement au-dessous, on en fera une autre verticale, longue d'environ 0m,06, d'une largeur et d'une profondeur égales au diamètre du rameau B (fig. 3). On incisera le rameau au point A (fig. 3), en donnant à cette incision une forme telle que cette partie du rameau s'engage complétement dans l'entaille verticale de la tige (fig. 5), et que les écorces de la greffe et du sujet soient en contact immédiat sur les deux côtés de l'entaille. Ceci fait, on réunira les parties, on les maintiendra par une ligature, et on les recouvrira avec du mastic à greffer.

L'année suivante, au moment de la taille d'hiver, la soudure sera complète, et l'on pourra opérer le sevrage, c'est-à-dire couper la greffe immédiatement au-dessous de son point d'attache. La partie inférieure F (fig. 3) du

FIG. 3.

Greffe par approche ordinaire.

FIG. 4.

FIG. 5.

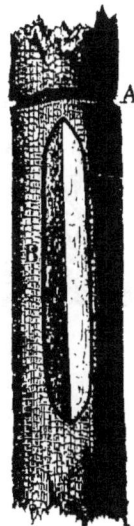

Entaille du sujet. Incision de la greffe.

rameau pourra, après avoir été redressée, servir de nouveau comme branche latérale.

Greffe par approche herbacée. — Dans la greffe pré-

16   CONDUITE DES ARBRES FRUITIERS.

cédente, les parties sur lesquelles on opère sont âgées au moins d'un an. Dans la greffe herbacée, au contraire, la greffe, et quelquefois même le sujet, sont des bourgeons tendres et herbacés. Il faut donc pratiquer cette opération depuis le milieu de juin jusqu'au commencement d'août. Le mode d'opérer est d'ailleurs différent.

Cette sorte de greffe peut être employée avec beaucoup d'avantage pour remplir les vides parmi les rameaux à fruit qui garnissent latéralement les branches mères ou sous-mères du pêcher et des autres arbres à fruits à noyau.

Supposons qu'un vide existe au point C (fig. 6) parmi

Fig. 6.

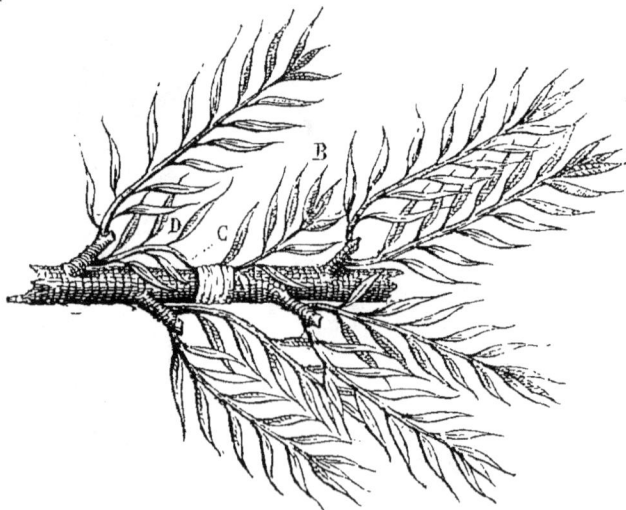

Greffe par approche herbacée.

les rameaux à fruit d'une branche de pêcher. Le bourgeon B pourra servir à combler ce vide. Pour cela, on fera sur la branche, au point C, une incision longue de 0^m,04 environ, et terminée à chaque extrémité par une incision transversale (C, fig. 7); le bourgeon B (fig. 6) sera incisé comme on le voit en D (fig. 7), puis on réunira les parties au moyen d'une liga-

Fig. 7.

ture, après avoir glis-
sé le bourgeon D au-
dessous des écorces
soulevées. Il importe
que la greffe porte, à
la hauteur du point D,
mais du côté opposé à
l'incision, une feuille
que l'on ménage en
plaçant la ligature.

L'année suivante,
au printemps, la sou-
dure est complète, et
l'on opère le sevrage.
Le bourgeon qui a
fourni la greffe est
coupé en C (fig. 6),
et la partie inférieure
de ce rameau D est

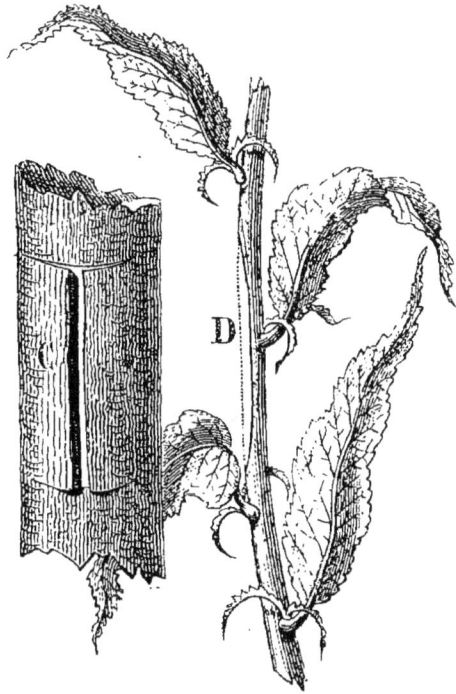

Greffe par approche herbacée.

taillée comme s'il n'eût pas été greffé.

Si la branche présentait plusieurs vides continus et que le bourgeon fût assez vigoureux, on pourrait le greffer successivement à chacun de ces points (A, fig. 8). On opérerait alors le sevrage immédiatement au-dessous de chaque soudure. Il serait bon toutefois de laisser écouler huit ou dix jours entre chacune des greffes du même bour-geon pour ne pas nuire à son développement.

2.

2° Greffe par rameaux.

Cette greffe s'effectue avec des rameaux ou des portions de rameaux préalablement séparés de leur pied mère.

Il faut, pour opérer avec succès : **1°** Choisir pour greffe

FIG. 8.

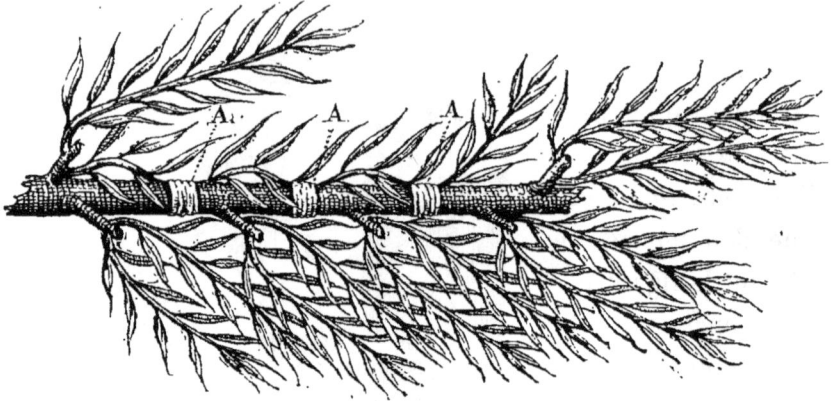

Greffe par approche herbacée multiple.

des rameaux de l'année précédente, les plus vigoureux et les mieux aoûtés.

2° Faire en sorte que la greffe soit dans un état de végétation moins avancé que le sujet; car, faute de trouver dans celui-ci la quantité de séve nécessaire à ses besoins, elle se dessécherait rapidement. A cet effet, on détache les greffes de leur pied mère un mois ou deux avant l'opération, et on les enterre au pied d'un mur exposé au nord. Elles s'y conservent parfaitement, et leur végétation reste stationnaire, tandis que celle des sujets se développe.

3° Pratiquer les amputations bien nettes, pour que les écorces ne soient pas déchirées sur leurs bords.

4° Placer la greffe sur le sujet de façon que la partie

intérieure de l'écorce du sujet soit le plus possible en contact immédiat avec l'écorce intérieure de la greffe.

5° **Ligaturer** les parties opérées et recouvrir avec du mastic à greffer.

6° Abriter les greffes, pendant les premiers quinze jours qui suivent l'opération, contre l'action de l'air et l'ardeur du soleil. Un cornet de papier blanc remplit parfaitement cette condition (fig. 9). Il a, en outre, pour résultat d'éloigner certains insectes qui dévorent les boutons de la greffe dès qu'ils commencent à s'entr'ouvrir.

7° Faire en sorte que les greffes, une fois placées, ne

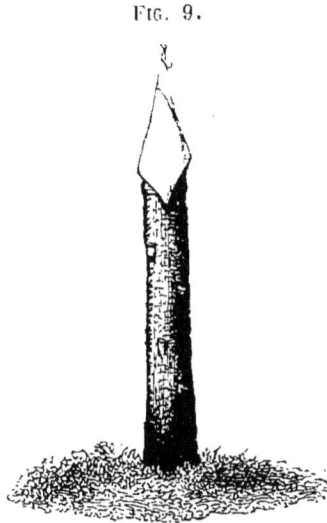

Fɪɢ. 9.

Cornet de papier pour abriter les greffes.

soient plus ébranlées. Le moindre choc suffit, au moment où elles commencent à se souder avec le sujet, pour anéantir le succès. Ce sont principalement les greffes placées en tête des arbres à haute tige qui sont exposées à cet accident, parce que les gros oiseaux les brisent en s'y perchant. Pour obvier à cet inconvénient, on place au sommet de ces arbres une sorte de perchoir fixé de chaque côté de la tige au moyen de deux liens d'osier A (fig. 10). Cette pratique offre encore l'avantage de permettre d'attacher solidement les principaux bourgeons B, que développe la greffe.

8° Enfin, il faut veiller à ce que les nombreux bourgeons qui naissent toujours sur la tige des sujets étêtés ne dé-

truisent pas la greffe en absorbant toute la séve des racines. C'est surtout pendant l'été qui suit l'opération que
la tige des sujets greffés se couvre de ces bourgeons. Il
convient de les enlever, mais seulement lorsque la greffe
commence à végéter, car jusque-là le
sujet en a besoin pour déterminer l'as-
cension de la séve jusqu'à la greffe.
Aussitôt que cette végétation se mani-
feste, on supprime d'abord les bourgeons développés à la base de la tige,
puis on avance progressivement vers le
sommet, de manière à ne détruire les
plus voisins de la greffe que lorsque
celle-ci a déjà des bourgeons longs de
0^m,04 à 0^m,10.

FIG. 10.

Greffe surmontée d'un
perchoir.

Les greffes par rameaux propres aux
arbres fruitiers appartiennent aux trois
sections suivantes :

1° *Greffe par rameaux en fente.*—
Elle nécessite l'incision longitudinale
du bois du sujet. On la pratique au
printemps, aussitôt que les boutons du
sujet commencent à s'entr'ouvrir.

Greffe en fente simple (fig. 11).
— On donne au rameau qui doit
servir de greffe une longueur de 0^m,10 à 0^m,15, suivant la grosseur et le degré de vigueur du sujet. On le
choisit portant à son sommet un bouton. On taille la
base en lame de couteau sur une longueur de 0^m,03
à 0^m,04, en commençant à la hauteur d'un bouton placé

au dos de la greffe, et quand la greffe est ainsi préparée, on coupe horizontalement la tête du sujet, et l'on unit bien la plaie avec un instrument tranchant. Sur cette coupe on pratique, avec la serpette, une fente verticale C, passant par le centre de la tige et descendant à 0^m,06 environ au-dessous de la coupe, et l'on maintient la fente entr'ouverte avec un coin pendant qu'on y place la greffe.

Le sommet E (fig. 12) doit être légèrement incliné vers

FIG. 11.　　　　　　　　　　　FIG. 12.

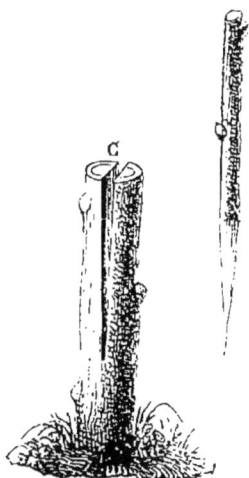

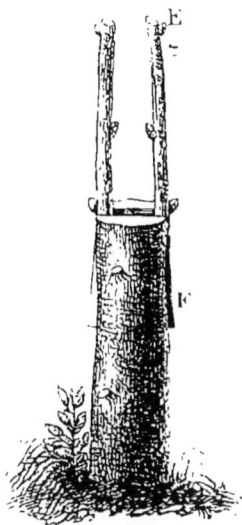

Greffe en fente simple.　　　　　Greffe en fente double.

le centre de la tige, afin que l'écorce intérieure de la greffe et celle du sujet soient en contact intime sur un des points de leur étendue mise à nu. Enfin on ligature le tout et l'on recouvre les plaies, y compris le sommet tronqué de la greffe, avec du mastic à greffer.

Cette greffe est employée pour les arbres à haute et à basse tige, lorsque la tige n'est pas très grosse.

Greffe en fente double (fig. 12). — Elle diffère de la précédente en ce qu'on place deux greffes au lieu d'une. On la préfère lorsque la grosseur du sujet le permet. La plaie se cicatrise plus promptement, et l'on a plus de chance de réussir qu'avec une seule greffe. Toutefois, si elles reprennent toutes les deux, il ne faut pas hésiter à supprimer la moins vigoureuse aussitôt que la plaie est complétement fermée, surtout s'il s'agit d'arbres à haut vent. Autrement, la tête de l'arbre étant formée de deux parties complétement étrangères l'une à l'autre, il pourrait arriver que dans une année de grande fertilité, et sous l'influence de vents violents, la tête de l'arbre se déchirât en deux.

Greffe en fente Bertemboise (fig. 13). — Couper en biseau la tête du sujet, puis placer la greffe au sommet de ce biseau, en opérant comme dans les cas précédents. Lorsque le sujet ne sera pas assez volumineux pour porter deux greffes, on préférera ce mode d'opérer aux deux précédents : d'abord le point de jonction de la greffe avec le sujet sera moins difforme, puis toute la sève des racines étant attirée, à cause de la coupe oblique, vers le point où est posée la greffe, celle-ci se développera plus vigoureusement.

Greffe en fente anglaise (fig. 14). — Couper la tige du sujet en biseau très allongé; pratiquer une fente verticale au milieu du diamètre de la tige. Couper aussi la base de la greffe en biseau allongé, et pratiquer également une fente verticale au milieu de l'épaisseur de la greffe; introduire la languette de la greffe dans la fente du sujet, de façon que les plaies soient complétement couvertes l'une par l'autre et que les écorces se joignent parfaitement, au moins sur un des côtés de la tige. Cette sorte de greffe, très solide et très promptement exécutée, convient surtout aux jeunes sujets, parce que les plaies sont couvertes l'une par l'autre sur toute leur surface.

2° *Greffe par rameaux en couronne.* — Dans cette série de greffes le bois du sujet n'est pas fendu, l'écorce seule est incisée verticalement. On les pratique lorsque les bourgeons du sujet ont atteint une longueur de 0^m,01.

FIG. 13.

FIG. 14.

FIG. 15.

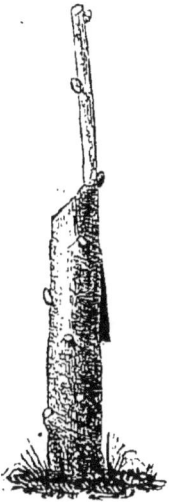

Greffe en fente
Bertemboise.

Greffe
en couronne Théophraste.

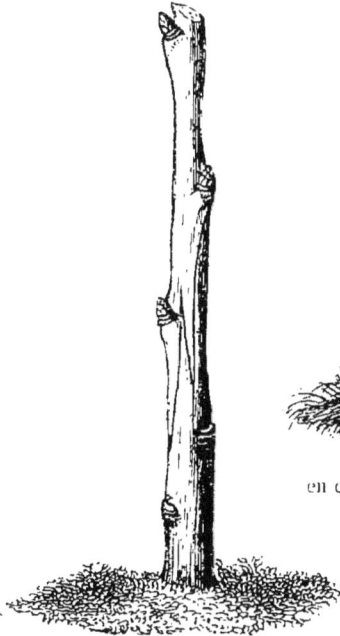

Greffe en fente anglaise.

Greffe en couronne Théophraste (fig. 15). — Après avoir coupé horizontalement la tige du sujet, ou seulement les branches du second ou du troisième ordre, selon l'âge de l'arbre, à 0m,50 de leur naissance, on fend l'écorce verticalement jusqu'au bois, sur une longueur de 0m,08 environ. On taille la base de la greffe A en bec de flûte avec un cran à la partie supérieure de l'entaille. On soulève l'écorce sur les bords de l'incision faite au sujet, puis on introduit la greffe entre cette écorce et le bois, en la disposant de façon que le côté entaillé soit appliqué sur le bois. On ligature et l'on couvre de mastic.

On peut ainsi placer des greffes sur toute la circonférence de la section de la tige, pourvu qu'elles soient espacées à 0m,08 environ les unes des autres. Cette sorte de greffe est d'un usage très fréquent pour les arbres déjà âgés et dont on veut changer la nature des fruits.

Greffe en couronne perfectionnée (Du Breuil) (fig. 16). —Ici la tête du sujet est coupée obliquement, puis l'écorce est fendue verticalement un peu à gauche du sommet du biseau. La base de la greffe est taillée en bec de flûte, avec réserve d'une dent à la naissance de l'entaille ; puis on coupe une petite lanière d'écorce sur le côté gauche du bec de flûte. On insère la greffe entre l'écorce et le bois, de manière que la dent vienne reposer sur le sommet du biseau et que le côté gauche du bec de flûte s'appuie contre l'écorce du sujet.

Cette greffe convient surtout aux jeunes sujets; elle présente au moins autant de chances de succès que les greffes en fente ; le sujet qui la porte est moins mutilé que pour ces dernières, et on l'exécute avec plus de rapidité.

3° *Greffe par rameaux de côté.* — Pour les greffes de ce groupe, il n'est pas nécessaire de couper la tête du sujet; on les applique sur le côté de la tige. Elles sont d'ailleurs pratiquées à la même époque que les greffes en

Fig. 16.

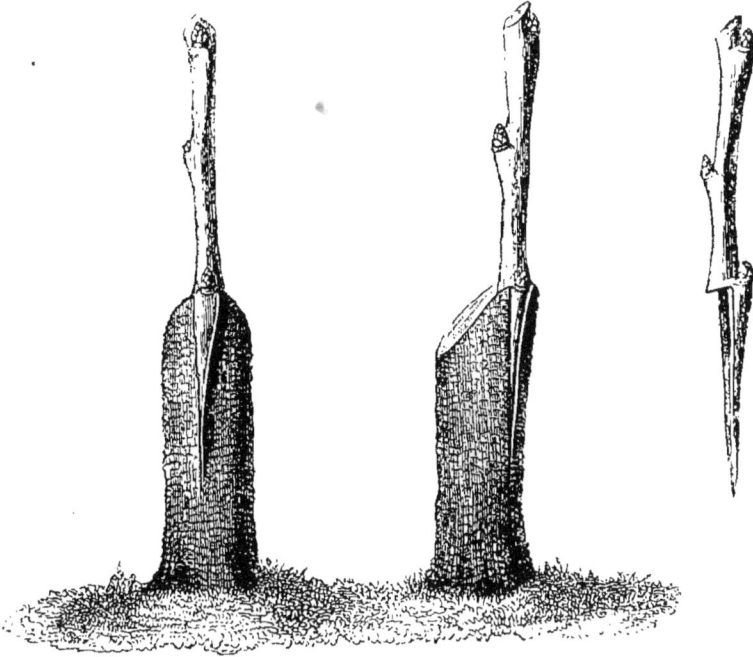

Greffe en couronne perfectionnée (Du Breuil).

couronne. Nous ne citerons ici qu'une seule espèce de ces greffes.

Greffe de côté Richard (fig. 17). — Choisir comme greffe un rameau un peu arqué A, tailler la base en biseau prolongé. Faire à l'écorce du sujet une incision C en forme de T. Pratiquer immédiatement au-dessus de l'incision en B une entaille atteignant la couche de bois extérieure, pour arrêter à ce point la sève des racines. Soulever l'écorce incisée avec la spatule du greffoir, introduire la greffe, ligaturer et mastiquer.

Cette greffe est employée avec avantage pour placer sur la tige des arbres à fruits à pepin soumis à une forme ré-

FIG. 17.

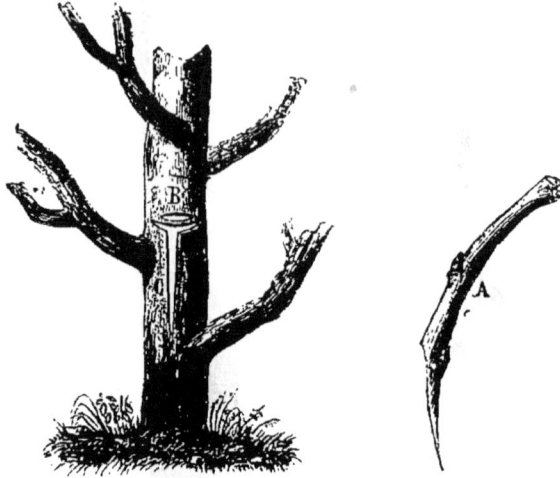

Greffe de côté Richard.

gulière des branches là où l'on n'a pu en former au moyen de la greffe par approche ou des entailles.

3° Greffes en écusson.

Les greffes de ce dernier groupe prennent le nom d'écusson, et se composent d'une plaque d'écorce plus ou moins grande, de forme variable, mais offrant le plus souvent l'aspect d'un écusson d'armoirie (fig. 18). Cette plaque porte, vers sa partie centrale, un œil ou bouton.

Ces greffes sont particulièrement employées pour de jeunes sujets ou de jeunes branches, âgées d'un à quatre ans et présentant une écorce mince, lisse et tendre. On connaît plusieurs sortes de greffes en écusson, mais les trois

suivantes sont les seules qui soient d'un usage général
pour les arbres fruitiers.

Greffe en écusson à œil dormant (fig. 18). — On pra-

Fig. 18.

Greffe en écusson à œil dormant.

Fig. 19.

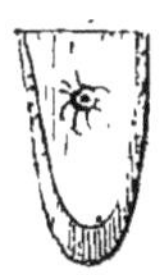

Face inférieure d'un écusson.

tique cette greffe depuis la fin de juillet jusqu'au commencement de septembre, suivant que la végétation des sujets
se prolonge plus ou moins, et l'on ne supprime la tête du
sujet greffé qu'au printemps suivant, si la greffe a réussi.
Voici les principaux soins que réclame l'exécution de cette
greffe.

1° Détacher de l'arbre un bourgeon offrant à la base des
feuilles des yeux ou des boutons bien constitués; supprimer les feuilles en ne réservant qu'un centimètre environ
de la queue C, afin de pouvoir saisir l'écusson avec les
doigts lorsqu'il sera séparé du bourgeon. Tenir chacun des
bourgeons ainsi préparés dans un endroit obscur, frais et
humide jusqu'au moment où l'on posera les écussons.

2° Faire sur le sujet, au point où l'écusson doit être
posé, une incision pénétrant jusqu'au bois et offrant la
forme d'un T, et écarter vers le haut, avec la spatule du
greffoir, les deux lèvres de l'écorce.

3° Séparer l'écusson du bourgeon de façon à enlever, avec l'écorce, le moins de bois possible, tout en conservant, au-dessous du bouton, l'amas de tissu verdâtre que montre la figure 19. Sans cette condition la reprise de l'écusson est impossible.

4° Glisser l'écusson entre l'écorce et le bois du sujet au moyen de l'incision B (fig. 18), puis rapprocher les lèvres de l'écorce au moyen d'une ligature, de manière que

Fig. 20.

la base du bouton surtout soit bien appuyée contre le bois du sujet.

5° Quelque temps après cette opération, visiter les écussons et desserrer les ligatures, si elles commencent à déterminer des étranglements.

6° Au printemps suivant, si les écussons sont repris, couper la tige ou les branches du sujet à 0^m,08 environ du point où l'écusson a été placé, afin de déterminer le développement de ce dernier.

7° Lorsque les écussons commencent à végéter, les garantir de la violence des vents par un tuteur A (fig. 20)

Tuteur pour les écussons, lors de leur premier développement.

fixé contre la tige et sur lequel on attache le bourgeon de l'écusson.

8° Supprimer sur la tige du sujet les bourgeons qui se développent en même temps que celui de l'écusson, en suivant l'indication donnée pour les greffes par rameaux.

9° Enfin couper en B (fig. 20), l'hiver suivant, le sommet D de la tige du sujet.

On emploie presque toujours cette sorte de greffe pour les jeunes sujets des arbres fruitiers; si elle ne réussit pas, on la remplace au printemps suivant, pour ne pas perdre de temps, par l'une des greffes par rameaux indiquées plus haut.

FIG. 21.

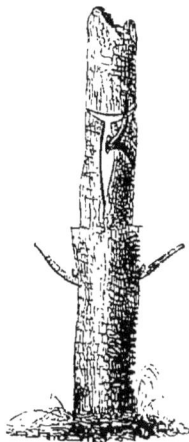

Greffe en écusson double (fig. 21). — Opérer comme pour la greffe précédente, mais placer sur la même tige ou sur la même branche deux ou un plus grand nombre d'écussons. Cette greffe est très utile pour hâter la formation de la charpente des jeunes arbres en espalier. Ainsi, pour former une palmette, le sujet pourra recevoir trois écussons disposés comme l'indique notre figure. On gagnera ainsi une année.

Greffe en écusson
double.

Greffe en écusson Girardin (1) (fig. 22). — Choisir sur des branches qu'on doit supprimer de jeunes lambourdes non encore ramifiées, et qui devront épanouir leurs fleurs au prochain printemps. Les détacher des branches comme pour les écussons ordinaires, sans se préoccuper toutefois de la présence du bois enlevé avec l'écusson. Placer ces écussons dans une incision pratiquée comme pour les greffes précédentes, puis ligaturer. On pratique ordinairement cette greffe à l'époque où l'on fait les greffes en couronne, et les branches qui portent ces

FIG. 22.

Greffe
en écusson
Girardin.

(1) Cette greffe, décrite sous ce nom par le professeur Thouin dans sa *Monographie des greffes*, a été imaginée de nouveau par

3.

petites lambourdes sont détachées de leur pied mère et enterrées un mois au moins avant l'opération, afin de suspendre leur végétation. On peut aussi les exécuter à l'automne, au moment où les arbres vont cesser d'être en séve. Il faut alors supprimer la rosette de feuilles que portent ces jeunes lambourdes, et n'en conserver que la queue. Ces lambourdes fructifient dès l'été même qui suit l'opération.

On peut employer ce procédé avec beaucoup d'avantage pour regarnir de lambourdes les branches des arbres à fruits à pepin.

M. Luiset, dont le nom a été joint par quelques arboriculteurs à cette opération.

DE LA TAILLE.

Utilité de la taille.

La taille, convenablement appliquée aux arbres fruitiers, donne les résultats suivants :

1° Elle permet d'imposer aux arbres une forme en rapport avec la place qu'on veut leur faire occuper. Ainsi
on peut donner aux arbres cultivés en *plein vent*, c'est-à-
dire non palissés contre un mur, la forme pyramidale ou
celle en vase. Les arbres qui y sont soumis produisent autant de fruits que ceux qu'on abandonne à eux-mêmes, et
qui se transforment alors en arbres à *haut vent*, mais ils
occupent moins d'espace. Pour les arbres en espalier, elle
donne les moyens de leur faire développer une charpente
symétrique et régulière qui les oblige à occuper toute la
surface du mur.

2° Par la taille, chacune des branches principales de
l'arbre reste garnie de rameaux à fruit dans toute son
étendue. Ce résultat est surtout remarquable dans les
arbres à fruits à noyau, et notamment dans le pêcher, dont
les branches, si elles n'étaient pas taillées, se dégarniraient
rapidement de rameaux pour n'en conserver qu'au sommet.

3° La taille rend la fructification plus égale ; car, en
supprimant chaque année les rameaux et boutons à fleur
surabondants, on consacre à la formation de nouveaux

boutons à fleur pour l'année suivante la sève qu'auraient absorbée les parties que l'on retranche.

4° Enfin, la taille détermine la production de fruits plus volumineux et de meilleure qualité. En effet, une partie notable des fluides nourriciers qui auraient alimenté les parties supprimées tourne au profit des fruits que l'on a conservés.

Principes généraux de la taille.

LA DURÉE DE LA FORME D'UN ARBRE SOUMIS A LA TAILLE DÉPEND DE L'ÉGALE RÉPARTITION DE LA SÈVE DANS TOUTES SES BRANCHES.

Dans les arbres fruitiers abandonnés à eux-mêmes, la sève se distribue également, parce que l'arbre prend de lui-même la forme la plus en harmonie avec la tendance naturelle de cette sève. Mais, dans les arbres soumis à la taille, les formes qu'on leur impose en nécessitant le développement de ramifications plus ou moins nombreuses, plus ou moins volumineuses à la base de la tige, contrarient la direction naturelle de la sève. Or, comme celle-ci tend à se porter de préférence vers le sommet de la tige, il en résulte que si l'on n'y prend garde, les ramifications de la base deviennent bientôt languissantes, finissent par se dessécher, et que la forme qu'on avait d'abord obtenue disparaît, pour être remplacée par la disposition naturelle de l'arbre, c'est-à-dire par une tige nue portant une tête plus ou moins volumineuse. Il est donc indispensable d'employer certains moyens pour changer la direction naturelle de la sève, et maintenir cette direction vers chacun des points où l'on a besoin d'entretenir des ramifications.

Dans ce but, et pour contrarier la végétation des parties vers lesquelles la séve se porte en trop grande abondance, et favoriser celle des parties où elle n'arrive pas en assez grande quantité, on emploie les moyens suivants :

Tailler très courts les rameaux de la partie forte, et tailler très longs ceux de la partie faible. — On sait que la séve est attirée par les feuilles; donc, en supprimant sur les points vigoureux le plus grand nombre des boutons à bois, on prive ces points des feuilles que les boutons auraient développées; la séve y arrive en moins grande quantité, et la végétation est diminuée. En laissant, au contraire, sur la partie faible un grand nombre de boutons à bois, elle sera pourvue d'une quantité considérable de feuilles et se couvrira d'une végétation plus abondante.

Laisser sur la partie forte le plus grand nombre de fruits possible, et les supprimer tous sur la partie faible. — On sait que les fruits ont la propriété d'attirer à eux la séve des racines et de l'employer entièrement à leur accroissement. Il résultera donc du moyen que nous indiquons que toute la sève qui arrivera dans la partie forte sera absorbée par les fruits, et que ce point prendra moins de développement que la partie faible.

Incliner la partie forte et redresser la partie faible. — La séve des racines agit avec d'autant plus de force sur l'allongement des bourgeons que les branches sont plus verticales; les bourgeons pousseront donc avec plus de force sur la partie faible redressée, et les feuilles nombreuses qu'ils développeront y attireront la séve en plus grande quantité que sur la partie forte qui aura été inclinée.

Supprimer le plus tôt possible, sur la partie forte, les bourgeons inutiles, et pratiquer cette suppression le plus tard possible sur la partie faible. — Moins il y a de bourgeons sur une branche, moins il y a de feuilles, et moins, par conséquent, la séve y est attirée. En laissant séjourner les bourgeons le plus longtemps possible sur le point faible, on y fera arriver la séve en plus grande abondance; et lorsqu'on viendra à les supprimer, la séve, ayant pris son essor de ce côté, y sera maintenue plus facilement. Ce moyen ne peut être employé que pour les arbres en espalier, et surtout pour le pêcher, sur lequel on est toujours obligé d'enlever un certain nombre de bourgeons.

Supprimer de très bonne heure l'extrémité herbacée des bourgeons de la partie forte, et ne pratiquer cette opération que le plus tard possible sur la partie faible, en y soumettant seulement les quelques bourgeons qui sont trop vigoureux, et qui, dans tous les cas, devraient subir cette opération en raison de la position qu'ils occupent. — Cette suppression arrête la végétation de la partie forte; elle est applicable aux arbres en plein vent et aux arbres en espalier.

Palisser très près du treillage et de très bonne heure les bourgeons de la partie forte, et ne pratiquer ce palissage que très tard sur la partie faible. — On gêne ainsi la circulation de la séve vers les premiers points, et on la favorise dans les seconds. Ce procédé n'est praticable que pour les arbres en espalier.

Eloigner le côté faible du mur et y maintenir le côté fort. — En éloignant du mur la partie faible, on permet aux bourgeons de recevoir la lumière de tous les côtés. Or, comme c'est cet agent qui détermine les fonctions des feuilles et leur action sur la séve des racines, ce point végétera avec plus de vigueur que la partie forte qui n'aura été éclairée que d'un côté. Ce moyen s'applique seulement aux arbres en espalier. On ne devra en user que vers le mois de mai, alors que les arbres, n'ayant plus à craindre les intempéries du printemps, peuvent se passer en partie de la protection du mur.

Couvrir le côté fort de manière à le priver de la lumière. — On obtient ainsi les mêmes résultats, mais d'une manière plus complète. Toutefois on n'en use que si le premier moyen est insuffisant, car il pourrait arriver que la partie de l'arbre ombragée s'étiolât par trop et perdît toutes ses feuilles. Pour éviter cet accident, on ne prolonge pas cet état de choses au delà de huit à douze jours, et l'on profite d'un temps sombre pour le faire cesser.

Les différents moyens que nous venons d'indiquer pourront être successivement employés dans l'ordre où nous les avons décrits, et cela jusqu'à ce que l'on ait atteint le résultat qu'on s'est proposé.

LA SÉVE DÉVELOPPE DES BOUTONS BEAUCOUP PLUS VIGOUREUX SUR UN RAMEAU TAILLÉ COURT QUE SUR UN RAMEAU TAILLÉ LONG.

Il est évident que si la séve n'agit que sur un ou deux boutons, elle les fait développer avec bien plus de vigueur que si son action est partagée entre quinze ou vingt. Si donc on veut obtenir des rameaux à bois, on doit tailler court, parce que les rameaux vigoureux ne développent que très peu de boutons à fleur; si, au contraire, on veut faire développer des rameaux à fruit, on taille long, parce que les rameaux peu vigoureux se chargent d'un plus grand nombre de boutons à fleur. Une autre application de ce principe, c'est que, si un arbre a été épuisé par la production trop considérable des fruits, on rétablit sa vigueur en le taillant court pendant un an.

Cette dernière application paraît être en contradiction avec ce que nous avons dit au deuxième paragraphe de la page 33, mais cette contradiction n'est qu'apparente. En effet, dans le premier cas, quelques uns seulement des rameaux de l'arbre sont taillés courts, et l'on diminue ainsi, au profit de ceux qui sont taillés longs, la puissance d'absorption qu'ils exercent sur la séve des racines. Les bourgeons qu'ils développent sont assurément plus vigoureux que ceux qui naissent sur les rameaux taillés longs, mais ils le sont moins cependant que si tous les rameaux de l'arbre avaient subi la même suppression, car une partie de la séve qui leur serait échue tourne alors au profit des bourgeons plus nombreux des rameaux taillés longs, et dont la vigueur se trouve ainsi augmentée. En un mot, les bourgeons des rameaux taillés longs ne sont pas aussi vigoureux que ceux des rameaux taillés courts, mais ils sont beaucoup plus nombreux et déterminent la formation d'une plus grande masse de tissu ligneux et de boutons, dont la proportion ne tarde pas à affaiblir réellement la partie forte au profit de la partie faible.

Mais quand il s'agit du rétablissement d'un arbre épuisé, celui-ci n'est plus placé dans les mêmes conditions. Au lieu de raccourcir quelques rameaux seulement, on les soumet tous au même traitement, et la séve, n'étant pas attirée en plus grande abondance d'un côté que de l'autre, agit avec une égale intensité sur le développement vigoureux de chacun d'eux ; tous concourent alors à la formation de nouvelles couches ligneuses et corticales plus amples et mieux constituées que les précédentes, ainsi que de nouveaux prolongements radicaux remplissant bien leurs fonctions. L'arbre recouvre sa première vigueur, jusqu'à ce qu'une taille plus longue vienne de nouveau le mettre à fruit.

Ce qui précède explique clairement la cause du résultat différent que l'on obtient de cette opération, suivant la manière dont elle est pratiquée, et doit faire disparaître le désaccord qui existe à cet égard entre quelques cultivateurs.

LA SÉVE, TENDANT TOUJOURS A AFFLUER A L'EXTRÉMITÉ DES RAMEAUX, FAIT DÉVELOPPER LE BOUTON TERMINAL AVEC PLUS DE VIGUEUR QUE LES BOUTONS LATÉRAUX.

D'après ce principe, toutes les fois qu'on voudra obtenir un prolongement de branche, il faudra tailler sur un bouton à bois vigoureux, et ne laisser au delà aucune production qui puisse lui enlever l'action de la séve.

PLUS LA SÉVE EST ENTRAVÉE DANS SA CIRCULATION, PLUS ELLE PRODUIT DE BOUTONS A FLEUR.

En circulant lentement, la séve subit une préparation plus complète et devient plus propre à la formation des boutons à fleur. Lors donc qu'on veut faire développer des boutons à fleur sur un rameau, il suffit d'y empêcher la libre circulation de la sève en inclinant les branches, ou bien en pratiquant une incision annulaire. Si, au contraire, on voulait transformer ces rameaux ou ces branches à fruit en rameaux ou en branches chargés seulement de boutons à bois, il faudrait leur donner une position verticale, ou les tailler courts pour concentrer toute l'action de la séve sur un ou deux boutons.

LES FEUILLES SERVENT A PRÉPARER LA SÉVE DES RACINES POUR LA NOURRITURE DE L'ARBRE, ET CONCOURENT A LA FORMATION DES BOUTONS SUR LES RAMEAUX. TOUT ARBRE QUI EN EST PRIVÉ EST EXPOSÉ A PÉRIR.

Il faut donc se garder d'enlever aux arbres une trop grande quantité de feuilles, sous prétexte de placer plus immédiatement les fruits sous l'influence du soleil, car ces arbres, privés d'une partie de leurs organes nourriciers, cesseraient leur développement ; il en serait de même de leurs fruits. D'un autre côté, les rameaux effeuillés, ne présentant pas de boutons ou n'en offrant que de mal conformés, ne donneraient lieu, l'année suivante, qu'à une végétation languissante.

DÈS QUE LES RAMIFICATIONS ONT ATTEINT L'AGE DE DEUX ANS, CEUX DE LEURS BOUTONS QUI N'ONT PAS ENCORE VÉGÉTÉ NE SE DÉVELOPPENT PLUS QUE SOUS L'INFLUENCE D'UNE TAILLE TRÈS COURTE. DANS LE PÊCHER, ILS RÉSISTENT PRESQUE TOUJOURS A CETTE OPÉRATION.

On doit donc, sur les arbres en espalier surtout, pratiquer la taille de manière à déterminer le développement de ces boutons sur les prolongements successifs des branches de la charpente, et veiller à la conservation des rameaux qui en résultent. Sans cette précaution, l'intérieur de l'arbre resterait complétement dégarni et improductif, et l'on ne pourrait plus y remédier, parce qu'il serait très difficile de faire développer les boutons restés endormis.

Époques convenables pour pratiquer la taille.

Les diverses opérations de la taille des arbres fruitiers sont pratiquées à deux époques différentes de l'année. Les unes, que l'on comprend sous le nom de *taille d'hiver*, sont exécutées pendant le repos de la végétation ; les autres, qui forment la *taille d'été*, sont faites à diverses époques de la végétation.

Indiquons d'abord le moment favorable pour effectuer la taille d'hiver.

Taille d'hiver. — L'époque la plus convenable est celle qui suit les fortes gelées et qui précède les premiers mouvements de la végétation, c'est-à-dire, vers le mois de février.

Si l'on taille avant les fortes gelées d'hiver, on expose la coupe des rameaux à l'influence de l'air, de l'humidité et des gelées, longtemps avant les premiers mouvements de la séve, qui doivent venir cicatriser cette plaie, et il en résulte que le bouton terminal réservé au sommet de ces rameaux est souvent détruit.

Les accidents ne sont pas moins fâcheux si l'on pratique l'opération pendant les fortes gelées; les instruments coupent difficilement le bois gelé ; les plaies sont déchirées, elles ne se cicatrisent pas; la mortalité descend au-dessous du bouton qui avoisine la coupe, et ce bouton est anéanti.

Si l'on attend que le bourgeonnement commence à se

manifester, les inconvénients sont beaucoup plus graves encore. La séve des racines s'est répandue dans toutes les parties de l'arbre, et celle qui a été absorbée par les ramifications qu'on supprime est perdue. D'un autre côté, en taillant aussi tard, on est exposé à endommager, à briser un grand nombre de boutons à bois ou à fleur. Enfin la séve des racines, refoulée du sommet vers la base, peut déchirer les vaisseaux, s'extravaser et donner lieu aux chancres ou à la gomme.

La taille en février est surtout très importante pour le pêcher, dont les boutons, situés à la base des rameaux à fruit, s'endorment souvent faute d'une action assez puissante de la séve.

En taillant de bonne heure, la séve agit avec force sur les boutons défavorablement placés, détermine leur évolution, et amène aussi le développement des boutons latents placés sur le vieux bois. Il en résulte qu'on peut rapprocher davantage la taille et empêcher le milieu des arbres de se dégarnir.

On peut cependant tailler très tard, et même attendre que les bourgeons commencent à s'allonger, lorsqu'on opère sur des arbres trop vigoureux, qui ne peuvent être mis facilement à fruit. Une partie de l'action de la séve est alors dépensée au profit des ramifications supprimées; elle agit avec moins de force sur les boutons réservés, et ceux-ci prennent plus facilement le caractère de rameaux à fruit.

Si l'on avait à tailler une grande quantité d'arbres de diverses espèces, et qu'on eût à craindre de ne pouvoir les opérer tous au moment que nous venons d'indiquer, il faudrait le devancer un peu, en suivant, pour tailler les différentes espèces, l'ordre de leur précocité. Ainsi, on taillerait d'abord les abricotiers, puis les pêchers, les pruniers, les cerisiers, les poiriers, et enfin les pommiers.

Taille d'été. — Les opérations de la taille d'été sont pratiquées pendant la végétation, mais le moment précis est déterminé par l'état de la végétation des parties de l'arbre qui doivent les recevoir. Pour donner ces indications avec plus de clarté et éviter des répétitions inutiles, nous croyons devoir ne préciser ces époques qu'au moment où nous appliquerons ces opérations aux diverses espèces d'arbres dont nous avons à parler.

Instruments nécessaires pour pratiquer la taille.

La *serpette* (fig. 23) est le plus ancien et le meilleur des

FIG. 23

FIG. 24.

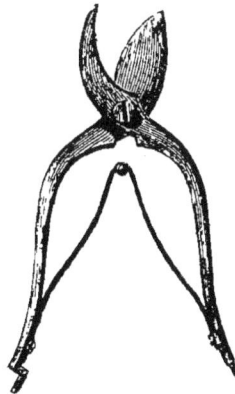

Serpette.   Sécateur.

instruments dont on se serve pour faire la taille des arbres.

4.

La lame doit être suffisamment recourbée vers le sommet, sans toutefois former un angle droit ; car la section serait alors très difficile : il en serait de même si cette lame était presque droite. Il faut avoir deux serpettes : l'une, assez forte, pour faire la taille d'hiver; l'autre, beaucoup plus petite, mais de même forme, pour les opérations d'été.

Depuis un certain temps, on a voulu remplacer la serpette par le *sécateur* (fig. 24). Cet instrument, généralement usité à Montreuil, offre sur la serpette l'avantage d'opérer plus promptement; mais il occasionne, au point où la section est faite, une pression telle que le bois est écrasé et que l'écorce est détachée jusqu'à quelques millimètres au-dessous de la plaie; le bout du rameau ainsi mutilé se dessèche au lieu de se cicatriser, et la mortalité gagne souvent jusqu'au-dessous du bouton terminal, lequel se trouve ainsi anéanti. Pour obvier à cet inconvénient, il faut couper à 0^m,01 au-dessus de ce bouton ; mais alors on a vers ce point un petit prolongement sec que l'on est obligé de supprimer l'année suivante, ce qui multiplie inutilement les opérations. Nous croyons donc qu'on doit préférer la serpette. Toutefois, si l'on tient à employer le sécateur, il faut placer la partie saillante du croissant en dessus, afin que le bout du rameau meurtri par la pression du croissant soit presque entièrement enlevé par la section.

L'arboriculteur doit encore se pourvoir d'une petite *scie à main*, ou *égohine*, dont nous avons donné la figure. page 12.

Manière d'opérer les suppressions.

La manière de couper les rameaux ou les branches est

loin d'être indifférente. S'il s'agit de raccourcir un rameau
(fig. 25), on fait l'amputation le plus près possible d'un bouton, mais sans endommager celui-ci. A cet effet,

Fig. 25.

on place la lame de la serpette du côté opposé au
bouton et à la hauteur du point où il est né, en A,
puis on coupe en suivant la ligne AB, de manière
à former une plaie en biseau dont le sommet se
termine à l'extrémité du bouton. Ce mode présente
ce double avantage, que le bouton ne souffre pas et
que la plaie se cicatrise sur la coupe même.

Mode de
coupe des
rameaux.

Si l'on coupe au-dessus du point que nous venons
d'indiquer, en suivant la ligne AB (fig. 26), le bois
se dessèche jusqu'à la ligne C, et il en résulte un petit chi-
cot sec que l'on est obligé d'enlever l'année suivante. Si,
au contraire, on fait suivre à la coupe la ligne AB (fig. 27)

Fig. 28.

Fig. 26.

Fig. 27.

Rameau taillé trop long. Rameau taillé trop court. Mode de suppression complète des rameaux.

le bouton est éventé et son développement est beaucoup
moins vigoureux.

Lorsqu'on veut retrancher entièrement un rameau, on le coupe tout à fait à sa base, en conservant toutefois le petit empatement A (fig. 28) sur lequel il avait pris naissance. On obtient ainsi une plaie moins étendue et qui se cicatrise plus rapidement que si l'on eût coupé plus près de la tige.

Si une branche est trop grosse pour être coupée avec la serpette et que l'on se serve de la scie à main, il est essentiel d'aplanir la plaie avec un instrument bien tranchant qui fasse disparaître toute trace de la scie, autrement cette plaie se cicatrise mal. Si les plaies sont un peu étendues, il est bon de les recouvrir avec du mastic à greffer.

DU POIRIER.

Sol. — Le poirier aime les terrains profonds, argilo-siliceux, un peu frais, mais non humides. Partout où le sol ne présente pas ces conditions, on doit s'efforcer de lui donner les qualités qui lui manquent, soit en y mélangeant d'autres terres, soit en le défonçant au moins jusqu'à un mètre de profondeur. Si le sous-sol est très humide, il convient de l'égoutter au moyen de tranchées souterraines empierrées et offrant une pente suffisante.

Choix des arbres. — Si l'on prend les poiriers tout greffés dans les pépinières, on les choisit sains, vigoureux et d'un an de greffe, ou de deux ans au plus ; plus âgés, ils reprennent moins bien et leur végétation est toujours moins vigoureuse. On peut planter aussi des sujets, et les greffer après leur reprise. Nous allons indiquer les soins qu'il convient de leur donner.

Greffe. — Le poirier est greffé le plus souvent sur le poirier franc obtenu au moyen du semis des pepins, ou sur le cognassier. Le premier donne des arbres plus vigoureux et d'une plus longue durée ; mais le second se met plus rapidement à fruit.

On préfère le poirier franc pour les terrains secs et peu

fertiles, et le cognassier pour les sols riches et substan-
tiels. Il est cependant quelques variétés peu vigoureuses
qu'on greffe, dans tous les cas, sur le poirier franc.
Nous les indiquons dans la liste des meilleures variétés que
nous donnons plus loin.

Les greffes employées sont surtout : celle en écusson à
œil dormant, celle en fente, celle en couronne.

La greffe en écusson convient pour les jeunes sujets dont
l'écorce est mince et vive ; celles en fente et en couronne
sont choisies pour des sujets plus âgés ou pour remplacer
un écusson qui n'a pas réussi. La greffe en couronne mutile moins les sujets que la greffe en fente.

Variétés. — On connaît aujourd'hui plus de cinq cents
variétés de poiriers à fruit de table. Mais toutes ces variétés sont loin d'être également recommandables. Nous
n'indiquons ici que quelques uns des meilleurs pour chaque
mois de l'année, et nous plaçons à la suite de chaque nom
quelques indications nécessaires pour leur culture. Les
noms en italique indiquent les principaux synonymes.

NOMS DES VARIÉTÉS et DES SYNONYMES.	ÉPOQUE de LA MATURITÉ.	POSITION.		EXPOSITION DES MURS.				OBSERVATIONS.
		Plein vent.	Espalier.	Est.	Ouest.	Sud.	Nord.	
Doyenné de juillet . .	Juin et juillet.	Pl. v.						
Beurré Giflard. . . .	Fin de juillet.	Pl. v.						
Epargne.	Juillet et août.	Pl. v.	Esp.	E.	O.	.	.	Greffer sur franc Terrain sec ; se forme difficilement en pyramide.
Belle verge.								
Poire de seigneur.								
Cueillette.								
Poire de la table des princes.								
Saint-Sanson.								
Beurré de Paris.								
Grosse cuisse Madame d'été.								
Roland.								
Chopine.								
Milan blanc	Août.	Pl. v.						
Belle de Bruxelles . .	Août.	Pl. v.		.				Greffer sur franc Terrain sec.
Belle d'août.								
Grosse Bergamote d'été.								
Beurré de Beaumont.	Août.	Pl. v.						
Beurré d'Amanlis.	Août et sept.	Pl. v.						
Wilhelmine.								
Poire Hubard.								
Bon-chrétien William	Août et sept.	Pl. v.						
Beau présent d'Artois.	Août et sept.	Pl. v.						
Jalousie de Fontenay-Vendée.	Septembre.	Pl. v.		.				Greffer sur franc
Seigneur d'Esperen .	Septembre.	Pl. v.						
Professeur Du Breuil.	Septembre.	Pl. v.						
Beurré d'Angleterre .	Sept. et oct. .	Pl. v.		.				Greffer sur sucré-vert, greffé lui-même sur cognassier.
Bec d'oiseau.								
Lucrative	Sept. et oct. .	Pl. v.	Esp.	E.	O.	.	.	Greffer sur franc
Doyenné doré	Sept. et oct. .	Pl. v.		.	.	.	.	Terrain sec.
Doyenné blanc.								
Saint-Michel.								
Poire de neige.								
Louise bonne d'Avr.	Sept. et oct. .	Pl. v.	Esp.	E.			.	Greffer sur franc
Louise bonne de Jersey.								
Beurré gris	Octobre . . .	Pl. v.	Esp.	E.	O.	.	.	Greffer sur franc.
Poire d'Amboise.								
Beurré roux.								
Beurré doré.								

NOMS DES VARIÉTÉS et DES SYNONYMES.	ÉPOQUE de LA MATURITÉ.	POSITION.		EXPOSITION DES MURS.				OBSERVATIONS.
		Plein vent.	Espalier.	Est.	Ouest.	Sud.	Nord.	
Doyenné gris . . . . *Doyenné roux.*	Octobre . . .	Pl. v.	Esp.	E.	O.		N.	Greffer sur franc
Beurré des Charneuses	Octobre . . .	Pl. v.	Esp.	E.	O		N.	
Beurré Capiaumont . *Beurré aurore.*	Oct. et nov. .	Pl. v.	Esp.	E.	O.		N.	Greffer sur franc
Fondante du Comice.	Oct. et nov. .	Pl. v.	Esp.	E.	O.		N.	
Duch. d'Angoulème . *Poire de Pézénas.*	Oct. et nov. .	Pl. v.	Esp.	E.	.O.		N.	Terrain sec.
Baronne de Mello . .	Oct. et nov. .	Pl. v.	Esp.	E.	O.		N.	
Bon chrétien Napoléon *Poire liard.* *Poire médaille.* *Poire melon.* *Captif de Sainte-* *. Hélène.* *Bonaparte.*	Oct. et nov. .	Pl. v.	Esp.	E.	O.		. .	Greffer sur franc.
Colmar d'Aremberg.	Oct. et nov. .	Pl. v.	Esp.	E.	O.		N.	
Triomphe de Jodoigne	Oct. et nov. .	Pl. v.	Esp.	E.	O.		N.	
Beurré des trois tours. *Beurré magnifique* *Beurré royal.* *Beurré Diel.* *Beurré incompa-* *rable.*	Nov. et déc. .	Pl. v.	Esp.	E.	O.		N.	
Délices d'Hardempont *Poire pomme.*	Nov. et déc. .	Pl. v.	Esp.	E.	O.		N.	
Bergamote crassane . *Cresane.*	Nov. et déc. .	Pl. v.	Esp.	E.	O.			
Doyenné du Comice .	Nov et déc. .	Pl. v.	Esp.	E.	O·			
Beurré passe-Colmar.	Nov. à févr. .	Pl. v.	Esp.	E.	O.		N.	Greffer sur franc.
St-Germain d'hiver. .	Nov. à janv.	Pl. v.	Esp.	E.	O.	S.		
Fondante de Malines .	Décembre . .	Pl. v.	Esp.	E.	O.	S.		
Beurré de Malines . . *Bonne de Malines.* *Colmar Nelis.*	Déc. et janv.	Pl. v.	Esp.	E.	O.	S.		
Beurré Millet.	Déc. et janv.	Pl. v.	Esp.	E.	O.	S.		
Doyenné gris d'hiver.	Déc. et janv.	Pl. v.	Esp.	E.	O.	S.		
Beurré d'Aremberg . *Beurré Lombard.* *Beurré de Cam-* *bron.*	Janv. et févr.	Pl. v.	Esp.	E.			N.	
Beurré gris d'hiver nouveau . . . . . *Beurré de Luçon.*	Janv. et févr.	Pl. v.	Esp.	E.	O.		N.	

NOMS DES VARIÉTÉS et DES SYNONYMES.	ÉPOQUE de LA MATURITÉ.	POSITION.		EXPOSITION DES MURS.				OBSERVATIONS.
		Plein vent	Espalier.	Est.	Ouest.	Sud.	Nord.	
Joséphine de Malines.	Janv. et févr.	Pl. v.	Esp.	E.	O.	.	N.	Greffer sur franc,
Bergamote de la Pentecôte	Janv. à mai.	Pl. v.	Esp.	E.	O.	S.	N.	Greffer sur franc.
Doyenné d'hiver.								
Beurré de Rance. . .	Févr. et mars.	Pl. v.	Esp.	E.	O.	S.		
Beurré de Noirchain.								
Bon-chrétien de Rance.								
Ardempont de printemps.								
Bergamote Esperen. .	Févr. et mars.	Pl. v.	Esp.	E.	O.	S.	N.	
Doyenné d'Alençon. .	Févr. et mars.	Pl. v.	Esp.	E	O.	S.	N.	
Doyenné d'hiver nouveau.								
Colmar Van Mons.	Mars et avril.	Pl. v.	Esp.	E.	O.	S.		

FRUITS A CUIRE.

NOMS DES VARIÉTÉS et DES SYNONYMES.	ÉPOQUE de LA MATURITÉ.	POSITION.		EXPOSITION DES MURS.				OBSERVATIONS.
		Plein vent	Espalier.	Est.	Ouest.	Sud.	Nord.	
Messire-Jean.	Octobre . . .	Pl. v.	Esp.	.	O.	.	N.	
Catillac.	Janvier . . .	Pl. v.	Esp.	.	.	.	.	Greffer sur franc
Poire de livre.								
Rateau gris	Janvier . . .	Pl. v.	.	.	.	.	.	Greffer sur franc
Poire de livre.								
Martin-sec.	Janvier . . .	Pl v.	Esp.	E.	O.	S.		
Rousselet d'hiver.								
Bon-chrétien d'hiver.	Janv. à mai .	. . .	Esp.	E.	.	S.		
Belle angevine. . . .	Févr. et mars.	Pl. v.	Esp.	E.	O.	S.		
Bolivar.								
Royale d'Angleterre.								

TAILLE.

Le poirier est cultivé en plein vent et en espalier. Les formes qu'on lui impose dans ces deux circonstances sont

5

assez variées; mais nous nous occuperons seulement ici, pour les arbres en plein vent, de la *pyramide proprement dite* et de la forme à *haut vent*, et pour les arbres en espalier, de la *palmette à branches obliques* et du *cordon oblique double*. Ces formes sont les plus simples, les plus faciles à obtenir; elles suffisent pour la place qu'on livre le plus souvent au poirier, et les arbres qui y sont soumis offrent à la fois une longue durée et une fertilité convenable.

Taille d'un poirier en pyramide proprement dite. — Dans cette opération il convient d'étudier séparément la formation de la charpente de l'arbre et celle des rameaux à fruit.

Formation de la charpente. — Les arbres soumis à cette forme (fig. 29) se composent d'une tige verticale garnie, depuis le sommet jusqu'à $0^m,30$ du sol, de branches latérales dont la longueur croît à mesure qu'elles se rapprochent de la base de l'arbre. Ces branches doivent naître, autant que possible, à $0^m,25$ les unes des autres, et de manière que celles du dessus ne recouvrent pas celles qui naissent immédiatement au-dessous. Elles doivent être sans bifurcations et n'être garnies, du sommet à la base, que de rameaux à fruit. Enfin elles formeront avec l'horizon un angle de 25 degrés au plus. En général, on fait en sorte que le plus grand diamètre de la pyramide égale le tiers de la hauteur totale de l'arbre : soit une hauteur totale de 6 mètres pour un diamètre de 2 mètres à la base.

Dans les terrains de fertilité moyenne, les arbres en pyramide, susceptibles d'arriver à un diamètre de 2 mètres à leur base, sont plantés à 3 mètres les uns des autres,

FIG. 29.

Poirier soumis à la forme
en pyramide
proprement dite.

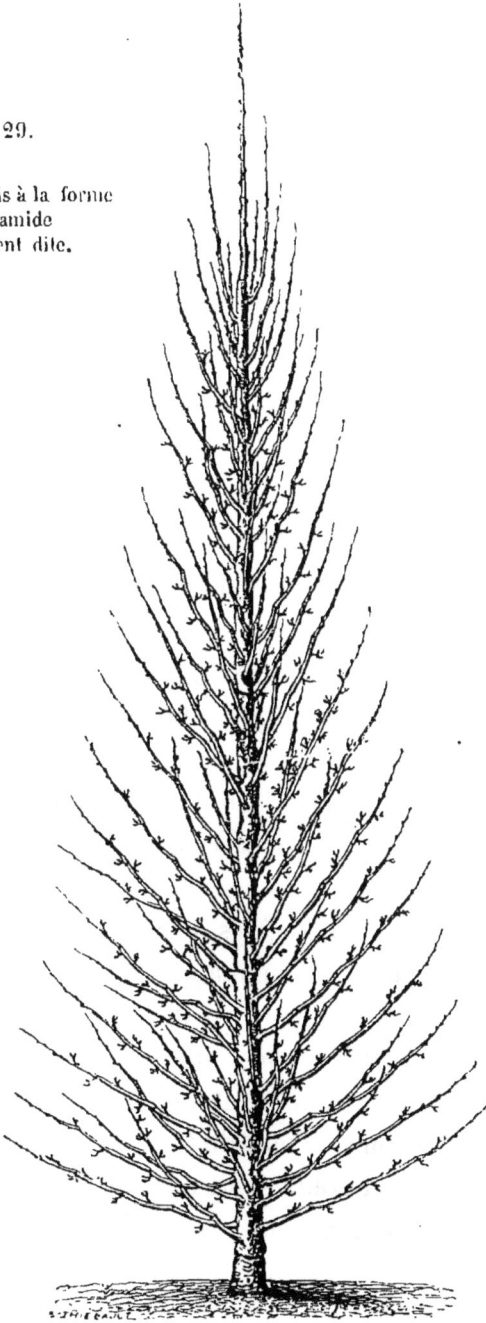

pour que la lumière puisse les éclairer également sur toute leur circonférence.

Les jeunes arbres ne sont soumis à la première taille qu'à la seconde année de plantation. Si on l'exécutait avant, la taille leur enlèverait le plus grand nombre de leurs rameaux, et la masse des feuilles qu'ils eussent développées se trouverait ainsi trop considérablement diminuée. Or, comme ce sont les feuilles qui engendrent les racines, celles-ci prendraient peu de développement, et les bourgeons dont cette taille prématurée aurait eu pour objet de favoriser la végétation seraient maigres, chétifs et peu propres à commencer la charpente de l'arbre. En remettant, au contraire, la taille à l'année suivante, l'arbre s'enracine de nouveau, et quand on retranche une grandé partie de ses rameaux, la séve, abondamment fournie par les racines, réagit avec force sur le développement des boutons conservés, et l'on obtient, pendant un seul été, des rameaux plus longs que ceux que l'on eût obtenus en deux années, en suivant le premier mode d'opérer. On gagne donc du temps tout en se trouvant placé dans des conditions bien plus favorables pour donner à la charpente une direction convenable.

Toutefois, comme les racines des jeunes arbres sont toujours plus ou moins endommagées lors de la déplantation dans la pépinière, il convient de faire subir à la tige, au moment de la plantation, quelques suppressions, afin de rétablir l'équilibre entre elle et les racines qui doivent l'alimenter. Le retranchement du tiers de la longueur des rameaux les plus vigoureux suffit ordinairement.

La règle générale que nous venons de poser s'applique

à tous les arbres fruitiers, quelle que soit la forme qu'on veuille leur donner, moins le pêcher, dont nous parlerons plus loin. Il n'y a d'exception que pour le cas très rare où les arbres auraient été déplantés avec *toutes leurs racines* et où celles-ci n'auraient été nullement desséchées par l'action de l'air jusqu'au moment de la mise en terre. Dans ce cas seulement, on pourra appliquer la première taille l'année même de la plantation.

Première taille. — Cette opération est destinée à provoquer le développement des premières branches latérales qui doivent naître sur la tige à 0^m,30 du sol environ. Afin que ces branches soient suffisamment vigoureuses, surtout celles de la base, il ne faut pas en faire développer plus de six ou huit à la fois. A cet effet, on coupe la tige du jeune arbre à environ 0^m,45 du sol en A (fig. 30). Le bouton terminal réservé au sommet de cette coupe doit être dirigé du côté opposé à celui où la greffe a été placée sur le sujet, en B, afin que la tige reste placée perpendiculairement sur le pied de l'arbre.

FIG. 30.

Première taille d'un jeune poirier de deux ans de greffe, un an après sa plantation.

Ce mode s'applique aux jeunes arbres, soit qu'ils aient été pris dans la pépinière, âgés d'un an de greffe (fig. 30), soit qu'ils aient eu deux ans, comme le montre la figure 31.

Dans ce dernier cas, les quelques branches latérales A,

5.

qu'ils peuvent présenter sur la partie de la tige conservée après la taille, sont coupées tout près de leur base, en conservant toutefois le petit empâtement situé à ce point.

Si cependant les jeunes arbres avaient reçu dans la pépinière des soins tels que la base de la tige fût déjà pourvue d'un nombre suffisant de branches latérales (fig. 33), ce qui équivaudrait pour eux aux résultats de la première taille, on leur appliquerait les opérations décrites plus loin pour la deuxième taille, mais toujours après une année de plantation. Il faudrait, en outre, se garder de leur laisser porter des fruits, car ils les épuiseraient.

FIG. 31.

Première taille d'un jeune poirier de trois ans de greffe, un an après sa plantation.

Pendant l'été qui suit la première taille, tous les boutons se développent vigoureusement. Dès que les bourgeons ont atteint une longueur de $0^m,10$ à $0^m,12$, on *ébourgeonne*, c'est-à-dire qu'on coupe tous les bourgeons situés depuis la base de la tige jusqu'à $0^m,30$ du sol. Parmi ceux qui sont situés au-dessus de ce point, on en conserve six au plus, les plus régulièrement espacés, mais un seul à chaque point. Le bourgeon terminal est maintenu dans une position verticale à l'aide d'un petit tuteur fixé contre la tige.

On doit veiller avec soin à ce que les bourgeons latéraux conservent entre eux le même degré de vigueur. Si l'un d'eux prenait un accroissement disproportionné, comme en A (fig. 32), on retarderait sa végétation au moyen d'un

FIG. 32.

Pincement appliqué aux bourgeons de
la flèche du poirier en pyramide.

FIG. 33.

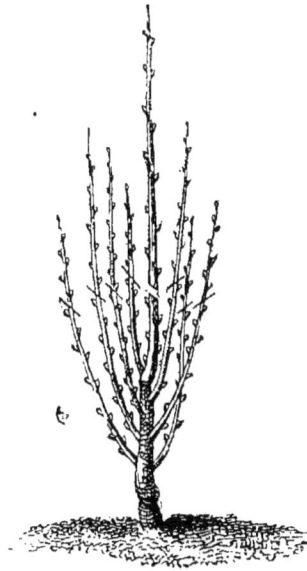

Deuxième taille
du poirier en pyramide.

pincement, c'est-à-dire qu'on retrancherait $0^m,05$ environ de son extrémité herbacée en la tordant entre l'index et le pouce.

Deuxième taille. — Au printemps de l'année suivante, les jeunes arbres offrent l'aspect de la figure 33. La deuxième taille a pour but de déterminer la formation d'une nouvelle série de branches latérales, et de favoriser l'allongement de celles qu'on a précédemment obtenues. Ces nouvelles branches doivent être aussi nombreuses que celles de l'année précédente, et commencer à naître à 0^m,25 environ au-dessus des premières. On obtient ce résultat en coupant le rameau terminal à 0^m,40 (fig. 33) au-dessus de sa naissance. On choisit, comme la première année, pour prolonger la tige, un bouton placé du côté opposé à celui d'où est né le prolongement que l'on taille.

Quant aux branches latérales déjà obtenues, on les raccourcit aussi, afin de faire développer tous les boutons qu'elles portent, même ceux de leur base, le produit de ce développement devant être ensuite transformé en rameaux à fruit. Mais il faut cependant ne retrancher de ces rameaux que ce qui est nécessaire pour obtenir ce résultat ; car on diminuerait trop la vigueur que ces branches ont besoin de conserver pour continuer de s'accroître. D'ailleurs les boutons qu'elles portent se développeraient trop vigoureusement, et l'on ne pourrait les transformer en rameaux à fruit qu'avec beaucoup de peine. Il suffit ordinairement, pour atteindre ces divers résultats, de retrancher le tiers environ de la longueur totale de ces jeunes branches.

Le bouton au-dessus duquel on opère la section des rameaux latéraux doit être placé à l'extérieur de l'arbre, en A (fig. 34), afin que le bourgeon qui en naîtra suive naturellement la ligne oblique ascendante. Il n'y a d'exception que pour le cas où la branche que l'on raccourcit serait trop rapprochée de ses voisines, à droite ou à gauche. On choisit alors comme bouton terminal un bouton situé latéralement du côté où l'on veut rappeler la branche.

Si, pendant l'été précédent, certains rameaux latéraux

FIG. 35.

FIG. 34.

Choix du bouton terminal pour prolonger les branches latérales de la pyramide.

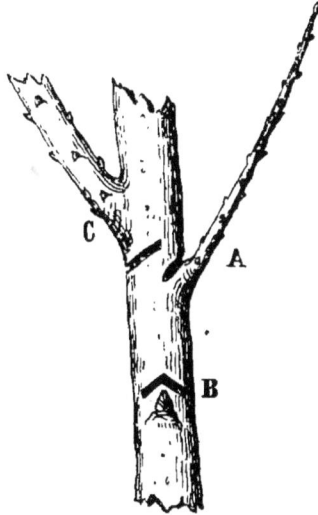

Entailles pratiquées pour augmenter, A, ou pour diminuer, B, la vigueur des ramifications.

s'étaient développés trop faiblement, comme cela a lieu quelquefois pour les plus rapprochés de la base de l'arbre, il faudrait les tailler plus longs que les autres, et même les laisser entiers pour leur rendre la vigueur qui leur manque. Si ces rameaux étaient moitié moins longs que les autres, il serait utile de pratiquer en outre, sur la tige, immédiatement au-dessus du point où ils naissent, une entaille en A, semblable à celle que montre la figure 35. Cette entaille, qui doit pénétrer jusque dans la couche du bois la

plus extérieure, coupe les vaisseaux séveux qui passent
sur ce côté de la tige, et force la séve à agir sur le développement du rameau. Elle doit être pratiquée avec une petite
scie à main, afin que la plaie déchirée qui en résulte se
cicatrise moins rapidement. Si, enfin, le bouton sur le développement duquel on avait compté pour former une
branche était resté endormi, l'entaille deviendrait plus
indispensable encore pour le faire végéter (B, fig. 35).

Lorsqu'au contraire un rameau latéral aura acquis,
malgré le pincement, un développement disproportionné,
on le taillera plus court que les autres ; s'il offrait une différence de grosseur très marquée, on ferait une entaille
semblable à celle C de la figure 35, immédiatement au-
dessous de son point d'attache sur la tige. Cette entaille
diminuerait de beaucoup l'action de la séve.

Pendant l'été qui suit la deuxième taille, on pratique
sur le rameau terminal un ébourgeonnement semblable à
celui que l'on a fait sur la flèche primitive pendant le premier été, de façon à ne conserver que les six ou huit bourgeons les mieux placés pour former une seconde série de
branches latérales. On pratique également le pincement
des extrémités herbacées des bourgeons terminaux sur les
branches latérales, pour maintenir entre elles un égal
degré de vigueur. On veille surtout à ce que les bourgeons latéraux les plus rapprochés du bourgeon terminal
de la flèche ne deviennent pas plus vigoureux que ce dernier, car il doit toujours conserver la supériorité pour
continuer l'allongement de la tige.

Troisième taille. — Au printemps qui suit, l'arbre
présente l'aspect de la figure 36.

La flèche, ou rameau terminal de l'arbre, est taillée à la même hauteur que l'année précédente, en A, (fig. 36). Le prolongement des branches latérales âgées de deux ans est raccourci dans la même proportion. Quant aux rameaux latéraux développés pendant l'été précédent, on les taille plus court, afin de favoriser l'accroissement des branches inférieures. Il est bien entendu que ces règles sont modifiées par les circonstances particulières indiquées lors de la seconde taille, et que l'on continue à faire usage des entailles dans les cas prévus plus haut.

Quant aux opérations d'été, elles sont les mêmes que pour la deuxième année.

Quatrième taille.—La figure 37 indique les changements que l'arbre a éprouvés pendant l'été précédent. La quatrième taille diffère des autres sous plusieurs rapports. On donne au nouveau prolongement des branches inférieures moitié moins de longueur que lors des tailles précédentes, parce qu'elles sont sur le point d'atteindre la limite qu'elles ne doivent point dépasser, et que d'ailleurs elles ont acquis une grosseur qui leur fera conserver le degré de vigueur qu'elles doivent avoir. On laisse au nouveau prolongement des branches de la seconde série les deux tiers de leur longueur, et l'on ne supprime que la moitié de la longueur

Fig. 36.

Troisième taille du poirier en pyramide.

des rameaux du sommet de l'arbre. Ces diverses ramifications sont taillées un peu plus long que précédemment,

Quatrième taille du poirier en pyramide.

parce que les ramifications inférieures ont moins besoin d'être protégées, et qu'il convient de commencer à imprimer à l'arbre une forme pyramidale. Quant à la nouvelle flèche, elle est traitée comme les années précédentes.

Pendant l'été suivant, on applique des soins semblables à ceux déjà prescrits; mais, comme les branches inférieures ont presque atteint leur longueur totale, il convient de ne laisser prendre à leur bourgeon terminal qu'un développement restreint, et de le pincer dès qu'il a acquis une longueur de $0^m,35$. La séve est ainsi refoulée au profit des parties supérieures de l'arbre.

Cinquième taille. — L'arbre commence à s'élever (fig. 38), et les branches inférieures, s'abaissant un peu sous leur propre poids, donnent à l'ensemble de la tige la forme pyramidale. La taille de cette année ne diffère de celle de l'année précédente qu'en ce que les branches de la base ayant acquis leur longueur totale, on coupe leur nouveau prolongement très court. Quant aux autres branches latérales, elles doivent être toutes coupées suivant la ligne AB. Les opérations d'été sont en tout semblables à celles de l'année précédente.

Fig. 38.

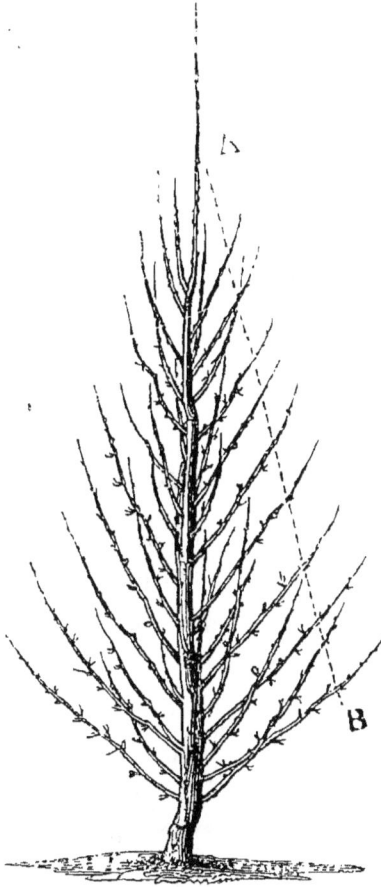

Cinquième taille du poirier en pyramide.

Sixième taille. — Cette taille ne diffère pas de la cinquième ; mais comme, à mesure que les branches latérales

6

s'allongent, elles augmentent en poids, et, se rapprochant trop du sol ou des branches voisines, y déterminent de la confusion, il faut, après la taille, ramener les branches dans leur direction première au moyen de quelques attaches, pour que l'espace soit toujours égal entre elles.

On continue le même mode jusque vers la douzième année : l'arbre présente alors l'aspect de la figure 29.

Si le terrain qu'occupent les racines permet à celles-ci de s'allonger encore, l'arbre aura une tendance à augmenter son développement. On pourra profiter de cette circonstance pour faire acquérir à la pyramide de plus grandes dimensions. A cet effet, on laissera de nouveau allonger la flèche et toutes les ramifications latérales, mais toujours de manière à conserver entre la hauteur et le diamètre de la tige la proportion que nous avons indiquée.

Obtention et entretien des rameaux à fruit.

Tout ce que nous venons de dire de la taille du poirier en pyramide s'applique à la formation de la charpente. Occupons-nous maintenant des opérations propres à favoriser le développement des rameaux à fruit et des soins qu'ils réclament.

Première année. — Pendant l'été qui suit la première taille d'un rameau destiné à former une branche latérale de la pyramide (fig. 39), les boutons se développent plus ou moins vigoureusement. Ils sont tous destinés à former des rameaux à fruit, moins le bouton terminal E, qui doit prolonger la branche. Les boutons compris dans le tiers inférieur de la longueur de ce rameau, entre les points D et C, se développent à peine. Ils ne donnent lieu qu'à un petit bourgeon de 0ᵐ,004 à 0ᵐ,010, et qui se termine par une petite rosette de feuilles. Ceux compris entre les points C

et B produisent un bour-
geon qui acquiert une
longueur de 0ᵐ,02 à
0ᵐ,06. Les petits ra-
meaux qui naîtront de
ces deux premières sé-
ries de boutons se trans-
formeront d'eux-mêmes
en rameaux à fruit. En-
fin les boutons compris
dans le tiers supérieur
de la longueur du ra-
meau, entre les points B
et A, et qui sont les plus
favorisés par l'action de
la séve, donnent lieu à
autant de bourgeons vi-
goureux qui peuvent ac-

Fig. 39.

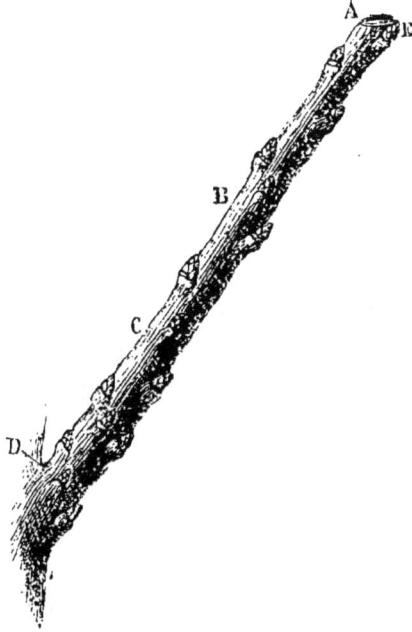

Premier prolongement d'une branche latérale
d'une pyramide de poirier.

quérir jusqu'à 0ᵐ,40 de longueur et plus, si l'on ne con-
trarie pas leur développement. Abandonnés à eux-mêmes,
les rameaux qui résulteront de ces bourgeons ne porteront
que des boutons à bois, car nous savons que les boutons à
fleur n'apparaissent que sur les ramifications peu vigoureuses. Or, comme il est à désirer que les branches latérales de la pyramide ne portent que des rameaux à fruit, il
convient de contrarier la végétation de ces bourgeons pour
que le rameau qu'ils donneront acquiert ce dernier caractère. Dans ce but on les pince aussitôt qu'ils ont atteint une

longueur de $0^m,06$ à $0^m,10$ (1). Le pincement est presque toujours insuffisant pour le bourgeon qui naît du bouton le plus rapproché du terminal. Très peu de temps après ce pincement, on voit naître, vers son sommet, un nouveau bourgeon aussi vigoureux que le premier, et qui ne devait paraître qu'au printemps suivant : c'est pourquoi on le nomme *bourgeon anticipé ;* on le pince également, mais le même fait se reproduit, et il se dépense ainsi inutilement une certaine quantité de sève. Il est donc plus convenable de supprimer complétement ce bourgeon dès qu'il atteint une longueur de $0^m,08$. Bientôt après on voit naître, de chaque côté du point qu'il occupait, un petit bourgeon beaucoup moins vigoureux que le premier. Ces petites productions sont le résultat du développement des *boutons stipulaires,* souvent peu visibles, mais qui accompagnent toujours le bouton principal, et qui ne végètent qu'à défaut de celui-ci. Lorsque ces deux petits bourgeons ont atteint une longueur de $0^m,06$ environ, on supprime le plus vigoureux et l'on pince l'autre.

Le pincement appliqué aux bourgeons compris entre les points B et A ne suffit pas non plus toujours pour arrêter leur développement. Les plus vigoureux donnent aussi souvent lieu à un bourgeon anticipé vers leur sommet. On le pince, lorsqu'il a atteint $0^m,06$ de longueur.

(1) Le pincement un peu long convient surtout à quelques variétés qui, comme le *bon-chrétien* d'hiver, la *crassane,* le *beurré magnifique,* les *doyennés,* etc., ne présentent pas d'yeux dès la base de leurs bourgeons. Par un pincement trop court, on s'exposerait à n'obtenir que de petits prolongements qui, privés de boutons, laisseraient des vides sur la branche.

Enfin il peut arriver que l'on oublie de pincer certains. de ces bourgeons, et qu'on ne s'en aperçoive que vers la fin de juin, lorsqu'ils ont déjà atteint une longueur de $0^m,30$ et plus. On répare alors cette omission en soumettant aussitôt chacun de ces bourgeons à la *torsion* (fig. 40), c'est-à-dire en les repliant sur eux-mêmes, de manière que le sommet A de la boucle qui en résulte soit placé à $0^m,08$ environ de la base de ces bourgeons. Il convient en outre de pincer l'extrémité herbacée de chacun d'eux.

Deuxième année. — Au printemps de la seconde année,

FIG. 42.

FIG. 40.

FIG. 41.

Torsion des bourgeons.

Deuxième année de formation des lambourdes du poirier.

Dard du poirier âgé d'un an.

les boutons placés à la base de la branche, de D en C (fig. 39), ont donné lieu à autant de petits rameaux semblables à celui B (fig. 41). Les boutons de la partie moyenne, de C en B (fig. 39), ont produit des rameaux semblables à ceux de la figure 42 : on donne à ces rameaux le nom de *dards*.

Enfin, les boutons situés sur le tiers supérieur de la branche, et qui ont reçu l'opération du pincement pendant l'été, sont tous semblables à celui de la figure 43, à l'ex-

6.

ception de ceux qui ont été tordus et qui ressemblent à la figure 44.

FIG. 43.

FIG. 44.

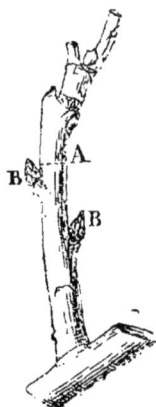

Rameau de poirier soumis à plusieurs pincements successifs pendant l'été précédent.

Rameau du poirier soumis à la torsion.

Voici maintenant les soins que réclament ces diverses productions pendant cette seconde année. Les rameaux des figures 41 et 42 sont abandonnés à eux-mêmes. Les premiers s'allongent de nouveau de quelques millimètres pendant l'été, et sont encore terminés par une rosette de feuilles. On voit sur les seconds quelques-uns des boutons qu'ils portent produire aussi une rosette de feuilles surmontant un petit support long de 2 ou 3 millimètres.

Les rameaux semblables à ceux de la figure 43 doivent recevoir, lors de la taille d'hiver, l'opération du *cassement*, laquelle consiste à casser les rameaux vers le point A. Cette rupture ne doit pas être complète. Elle doit être faite seulement à moitié, afin qu'une partie de la séve puisse encore passer dans le sommet du rameau. Il résulte de cette pratique

que les boutons B ne poussent, pendant l'été suivant, qu'un bourgeon très court portant seulement une rosette de feuilles.

Quant aux rameaux qui ont été tordus pendant l'été précédent (fig. 44), on rompt complétement leur extrémité en A, puis on les casse à moitié en B ; alors les boutons que porte la partie inférieure ne se développent pas plus vigoureusement que ceux des rameaux pincés.

Troisième année. — Au troisième printemps, les opérations précédentes donnent les résultats suivants. Les très petits rameaux placés sur le tiers inférieur de la branche sont presque tous terminés par un bouton à fleur qui va s'épanouir (fig. 45). On donne à ces petits rameaux le nom de *lambourde*, c'est-à-dire support des boutons à fleur. La fructification a lieu pendant l'été, puis il se développe de nouveaux boutons à la base des feuilles qui forment une rosette autour des fruits. La lambourde n'est donc complétement formée, c'est-à-dire, pourvue d'un bouton à fleur, qu'à la troisième année de son développement. On voit sans doute apparaître des boutons à fleur sur des productions âgées de deux ans seulement, et même quelquefois d'un an, mais c'est exceptionnel, tandis que ce que nous venons d'indiquer est la règle générale pour le poirier comme pour le pommier.

FIG. 45.

Lambourde de poirier à la troisième année de formation.

Les boutons placés sur les dards, et qui ne sont qu'à leur deuxième année, offrent l'aspect de la figure 46 ; ils ne développent encore, pendant l'été, qu'une rosette de feuilles, tandis que leur petit support s'allonge de quelques millimètres.

La figure 47 montre l'état des rameaux cassés depuis un an. Les boutons qu'ils portent ne sont pas encore à fleur ; mais ils ont grossi, ils épanouiront encore une rosette de

FIG. 47.

FIG. 46.

Dard de poirier
âgé de deux ans.

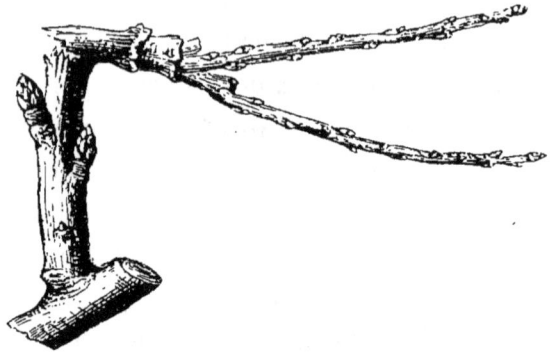

Rameau du poirier
soumis au cassement depuis un an.

feuilles pendant l'été, et leur petit support s'allongera de nouveau. On pourra, à la taille d'hiver, achever de rompre le sommet de ces rameaux.

Quatrième année. — Les lambourdes qui ont fructifié pendant l'été précédent sont dans l'état indiqué par la figure 48. On remarque qu'il s'est formé, immédiatement au-dessous du point d'attache des fruits, de nouveaux boutons situés sur une partie renflée A, ordinairement charnue. On donne le nom de *bourse* à cette partie de la lambourde. Le sommet de cette bourse doit être coupé au point A, afin de remplacer le point d'attache des fruits par une plaie nette et qui se cicatrise facilement. Les nouveaux boutons de la lambourde subissent les transformations successives par où a passé le bouton primitif, et sont eux-mêmes transformés en boutons à fleur au troisième prin-

temps qui suit leur naissance, ainsi que le montre la
figure 49. La lambourde, simple d'abord, finit donc par

FIG. 48.

FIG. 49.

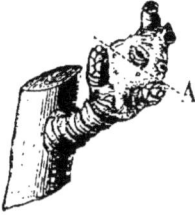

Lambourde de poirier après sa
première fructification.

Lambourde de poirier au moment
de la seconde fructification.

se ramifier, et les nouvelles bourses donnent lieu, tous les
trois ans, à de nouveaux boutons.

Quand les boutons qui portent les dards sont arrivés
à leur troisième année, ils sont transformés en boutons
à fleur (fig. 50, et leur
petit support prend aussi
le nom de lambourde.
Ces lambourdes sont ra-
mifiées au bout de trois
ans comme les premiè-
res. Il en est de même
des boutons placés sur
les rameaux qui ont été
soumis au cassement.
Ils fleurissent la même
année (fig. 51), et les
petites lambourdes qui

FIG. 50.

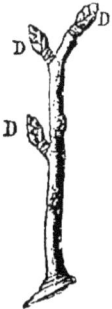

Dard de poirier âgé
de trois ans.

FIG. 51.

Rameau de poirier
soumis au cassement
depuis deux ans.

les portent se ramifient comme celles des dards. Seulement, il convient de couper en A, lors de la taille d'hiver,
le petit prolongement résultant du cassement.

Les lambourdes ainsi obtenues peuvent porter fruit indéfiniment, tous les deux ou trois ans, pourvu qu'on les
empêche de s'épuiser par un trop grand développement et
une production surabondante.

Si, en effet, on laisse les lambourdes se ramifier à l'infini,
elles pourront présenter au bout de douze ans l'aspect de
la figure 52. Or, les nouveaux boutons à fleur situés vers

FIG. 52.

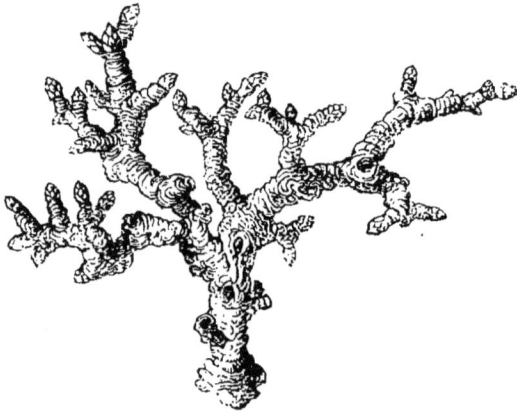

Vieille lambourde de poirier abandonnée à elle-même.

le sommet ne recevront qu'une faible quantité de séve,
parce que celle-ci éprouvera de nombreuses difficultés
pour arriver jusqu'à eux ; il en restera à peine pour déterminer sur les bourses la formation de nouveaux boutons
pour les années suivantes. Il convient donc de restreindre
l'étendue des lambourdes dans de sages limites. Ainsi on
fait chaque année, lors de la taille d'hiver, quelques suppressions sur les plus volumineuses. Ces suppressions portant de préférence sur le sommet, afin de favoriser le développement de nouveaux boutons vers la base. Dans la

figure 53, par exemple, la lambourde devra être coupée au point A.

Fig. 53.

Disons, pour compléter ce qui précède, que rien ne concourt plus à épuiser les arbres et à anéantir les lambourdes du poirier, que la surabondance des fruits. Non seulement il ne se forme pas de nouveaux boutons pour les années suivantes, mais souvent ceux qui existent déjà s'éteignent faute de nourriture. Les branches principales fournissent un chétif rameau

Mode de taille des lambourdes de poirier.

terminal, et les racines ont à peine la force de développer de nouveaux prolongements capables d'aller puiser leur nourriture dans une zone de terre qui n'ait pas été épuisée par la végétation précédente. L'arbre reste languissant et stérile pendant les années qui suivent une production démesurée. D'ailleurs les fruits que l'on obtient ainsi sont très petits, et leur nombre considérable est loin de compenser leur médiocre qualité.

Il y a donc tout avantage à supprimer les *fruits trop nombreux*, afin de régulariser la fructification et d'avoir toujours des produits de bonne qualité. Il est assez difficile de préciser le nombre de fruits qu'il convient de laisser sur un poirier. Toutefois on peut dire qu'en général, sur un arbre bien conduit, le nombre de ces fruits pourra égaler le tiers environ de toutes les lambourdes.

Tel est le mode de formation et de taille qui convient aux rameaux à fruit du poirier, ce que nous venons de

dire s'appliquant au premier prolongement d'une jeune
branche latérale d'une pyramide. On conçoit que les opérations seront les mêmes pour former et entretenir les
rameaux à fruit qui devront garnir les prolongements
successifs qu'on fera développer à l'extrémité de cette
branche.

Taille du poirier en palmette à branches obliques.

Pour la description de cette forme, l'obtention de la
charpente des arbres qui y sont soumis, et la distance à
réserver entre eux lors de la plantation, nous renvoyons
à la page 91, où nous décrivons en détail les soins nécessaires pour appliquer cette disposition au pêcher. Or, ces
soins sont les mêmes pour les poiriers, à cette seule différence qu'on doit réserver un intervalle de $0^m,25$ seulement
entre leurs branches latérales, au lieu d'un espace de $0^m,55$
qui convient au pêcher.

Quant à la formation et à l'entretien des rameaux à fruit,
nous n'avons rien à ajouter à ce que nous venons de dire
en parlant du poirier en pyramide. Toutefois les branches
principales des poiriers en plein vent doivent être garnies
de rameaux à fruit sur toute leur circonférence, tandis
que dans les poiriers en espalier, on les empêche de se
former du côté du mur. Il suffit pour cela de supprimer
les jeunes bourgeons qui naissent de ce côté.

Les branches des poiriers en espalier portant ainsi un
moins grand nombre de rameaux à fruit que celles des
arbres en plein vent, on doit veiller avec le plus grand
soin à ce que tous les points essentiels en soient pourvus.
Si des vides se manifestent, on les comble facilement au

moyen de la *greffe en écusson Girardin*, décrite au chapitre des GREFFES (page 29).

Terminons par une observation relative au palissage d'hiver et d'été. Dans le pêcher, tous les bourgeons et tous les rameaux à fruit doivent être palissés, comme nous l'indiquons plus loin; dans le poirier, les rameaux à fruit, beaucoup plus courts et moins flexibles, restent libres, et l'on n'attache que les branches de la charpente. Il en est de même des bourgeons dont on ne palisse que ceux destinés à former le prolongement des branches principales de l'arbre. Quant à ceux qui doivent être transformés en lambourdes, on les maintient toujours très courts, mais on ne les attache pas.

FIG. 54.

Treillage de bois ordinaire.

On peut employer pour le poirier le palissage à la loque ou celui sur treillage, décrits tous deux à l'article du PÊCHER. Mais, dans ce dernier cas, on choisit le treillage de bois ordinaire, offrant des mailles de $0^m,20$ de largeur sur $0^m,25$ de hauteur (fig. 54).

Taille du poirier en cordon oblique double (Du Breuil).

En parlant plus loin du *cordon oblique simple* propre au pêcher (page 128), nous avons fait ressortir les avantages que présente cette disposition, comparée à toutes

7

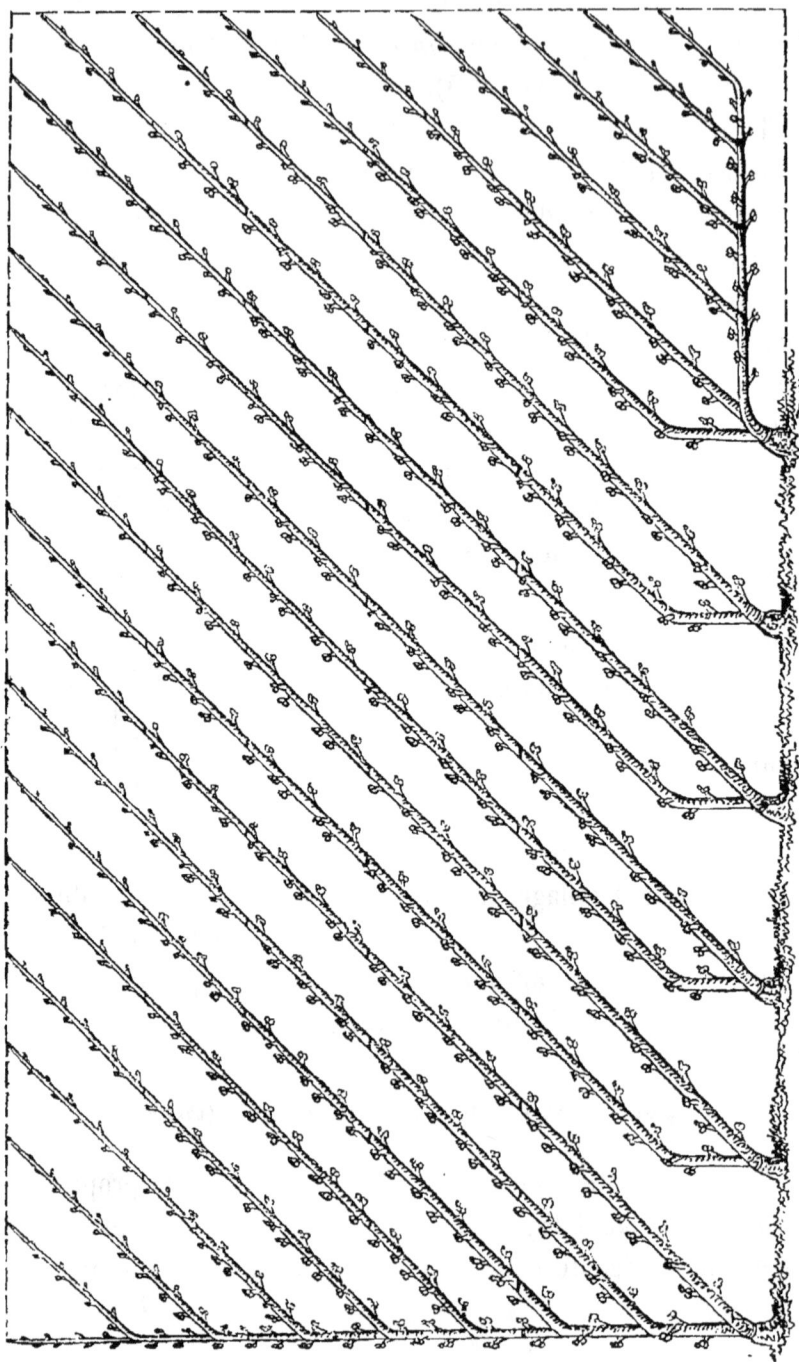

Fig. 55. — Cordon oblique double (Du Breuil) appliqué

celles qui ont été imaginées jusqu'à présent pour le même arbre. Les motifs qui nous ont engagé à préconiser cette forme pour le pêcher existent également pour le poirier en espalier, car il faut seize ou dix-huit ans pour appliquer complétement à cet arbre chacune des formes usitées jusqu'à présent, en admettant qu'on veuille donner à sa charpente l'étendue qu'elle doit avoir, c'est-à-dire 25 à 30 mètres carrés de surface. Nous avons donc cherché à résoudre pour le poirier le problème résolu pour le pêcher, à savoir, lui trouver une forme plus simple, plus facile, et surtout beaucoup plus rapidement obtenue que toutes celles appliquées jusqu'à présent à cet arbre en espalier. Nous croyons que le *cordon oblique double* que nous avons imaginé en 1852 remplit toutes ces conditions. Voici en quoi il consiste (fig. 55).

FIG. 56.

On choisit de jeunes arbres d'un an de greffe, sains, vigoureux et ne portant qu'une tige. On les plante à 0^m,75 les

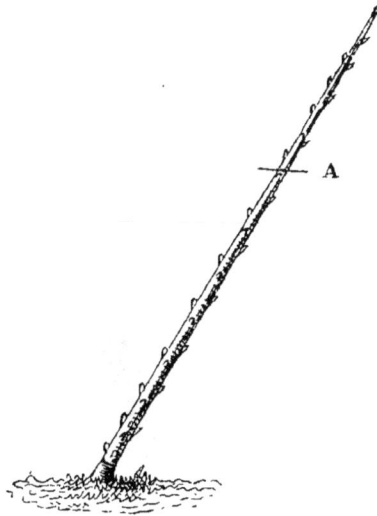

Cordon oblique double, première année.

uns des autres, en les inclinant les uns sur les autres, sur un angle de 60 degrés. On ne retranche que le tiers environ de la longueur totale de ces jeunes tiges, en faisant la section en A (fig. 56), au-dessus d'un bouton placé en avant.

Pendant l'été suivant, on favorise le plus possible le développement vigoureux du bourgeon terminal, et tous les autres sont transformés en rameaux à fruit à l'aide de la série d'opérations décrites pour le poirier en pyramide. Au printemps suivant chacun des jeunes arbres présente l'aspect de la figure 57.

FIG. 57.

A

Cordon oblique double, deuxième anuée.

La seconde taille consiste à appliquer à chacun des rameaux latéraux les soins nécessaires pour les transformer en lambourdes; puis à retrancher de nouveau le tiers de la longueur totale du nouveau rameau de prolongement. Pendant l'été on applique à ces jeunes arbres les mêmes soins que pendant l'été précédent, et l'on obtient le résultat que montre la figure 58.

FIG. 58.

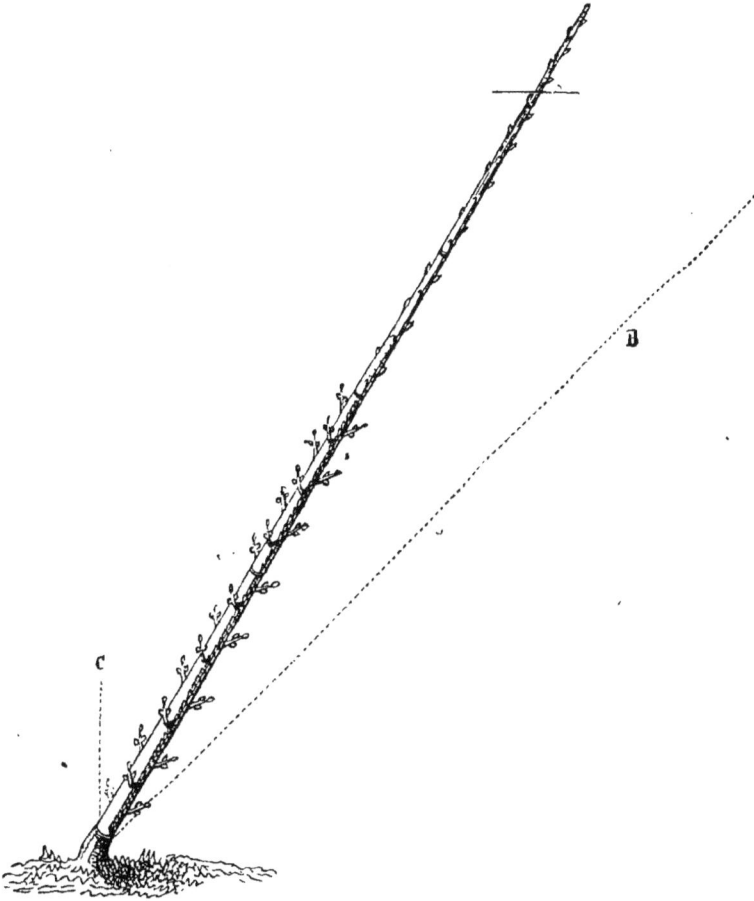

Cordon oblique double, troisième année.

Lors de la troisième taille, la jeune tige a ordinairement atteint les deux tiers de sa longueur totale; alors on l'abaisse sur un angle de 45 degrés, suivant la ligne B, et l'on

7.

applique au rameau terminal et aux rameaux latéraux la
même opération que lors de la taille précédente. Pendant
l'été suivant, on laisse développer en C un bourgeon vigoureux qu'on laisse s'allonger verticalement. Les autres

FIG. 59.

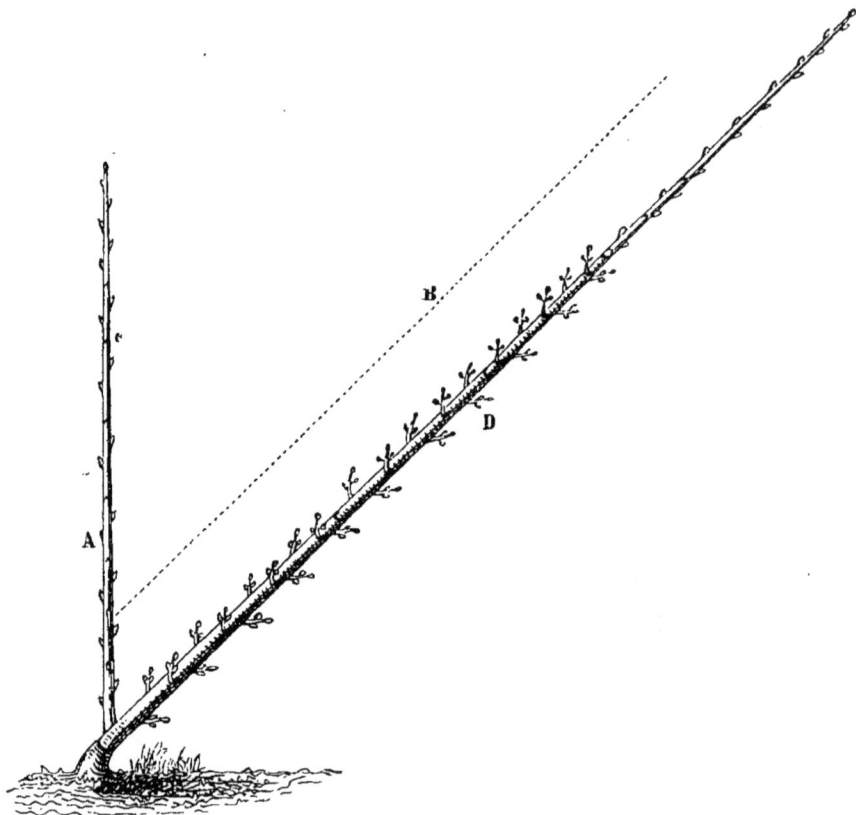

Cordon oblique double, quatrième année.

bourgeons reçoivent les soins ordinaires. La figure 59
montre l'état de ces jeunes arbres à la fin de la végétation.
   La quatrième taille a pour but d'incliner le rameau A et

de le placer suivant la direction de la ligne B, et de façon qu'il soit placé parallèlement à la tige D et à 0^m,25 de cette tige. On laisse ce rameau intact, et l'on applique aux bourgeons qu'il développe pendant l'été les opérations nécessaires pour les transformer en rameaux à fruit, à l'exception du bourgeon terminal qu'on doit favoriser pour qu'il prolonge cette nouvelle tige. Il n'y a plus ensuite qu'à compléter ces arbres en continuant de prolonger chacune des deux tiges à l'aide des mêmes opérations jusqu'au sommet du mur. Les arbres étant plantés à 0^m,75 les uns des autres et développant chacun deux tiges ainsi disposées, il en résulte que l'espalier se trouve composé d'une série de branches couchées parallèlement et laissant entre elles un espace égal de 0^m,25 (fig. 55).

Toutefois, pour que cette sorte d'espalier ne laisse aucun vide sur le mur, il convient de le commencer, du côté opposé à la direction des tiges, par une demi-palmette, et de le terminer par un arbre dont la tige est progressivement abaissée horizontalement à 0^m,25 au-dessus du sol, et sur laquelle on fait développer ensuite une série de branches sous-mères, comme l'indique notre figure.

Les espaliers soumis à cette forme peuvent être complétés dans l'espace de six ans. Ce qui fait gagner dix ou douze ans sur le laps de temps nécessaire pour obtenir le même résultat avec toutes les autres dispositions. Le *cordon oblique double* offre d'ailleurs les autres avantages signalés plus loin pour le *cordon oblique simple*, et auquel nous renvoyons (page 128) pour toutes les considérations générales qui s'appliquent également à ces deux formes. Nous devons ajouter que le *cordon oblique double* devra aussi être préféré à toutes les autres formes pour les autres espèces d'arbres fruitiers en espalier (pommier, cerisier, abricotier, prunier), pour lesquelles on emploie le même mode d'opérer.

De l'arcure. — Il arrive parfois que certains poiriers greffés sur franc, et plantés dans des terres riches et substantielles, acquièrent une vigueur telle qu'ils ne forment pas de boutons à fleur. L'opération la plus simple pour diminuer leur vigueur consiste à incliner plus ou moins fortement les branches vers le sol. On a donné à cette opération exceptionnelle le nom d'*arcure*. Elle est applicable à toutes les espèces d'arbres fruitiers, mais on opère différemment, suivant la forme qu'ont reçue ces arbres.

S'il s'agit d'une pyramide (fig. 60), dès que l'arbre a atteint les dimensions qu'on voulait lui faire prendre, on fixe, au printemps, à l'extrémité de chaque branche latérale de la base, dont aucune n'est taillée, une ficelle qu'on attache sur un cerceau A, présentant un diamètre de 0ᵐ,50 de plus que celui de la base de la pyramide, et maintenu, à l'aide de piquets, à 0ᵐ,30 du sol. On tend ces ficelles de manière à faire décrire à chaque branche un arc de cercle. On courbe successivement les branches latérales supérieures, en les rattachant aux branches inférieures, et l'on arque de même le rameau terminal de la flèche.

Pendant l'été suivant, on pince avec soin tous les bourgeons vigoureux qui naissent à la partie supérieure des branches arquées. On applique, pendant l'hiver, la taille ordinaire à tous les rameaux à fruit, et on laisse intacts ceux des nouveaux prolongements des branches latérales qui se sont développés. On pince de nouveau, pendant le

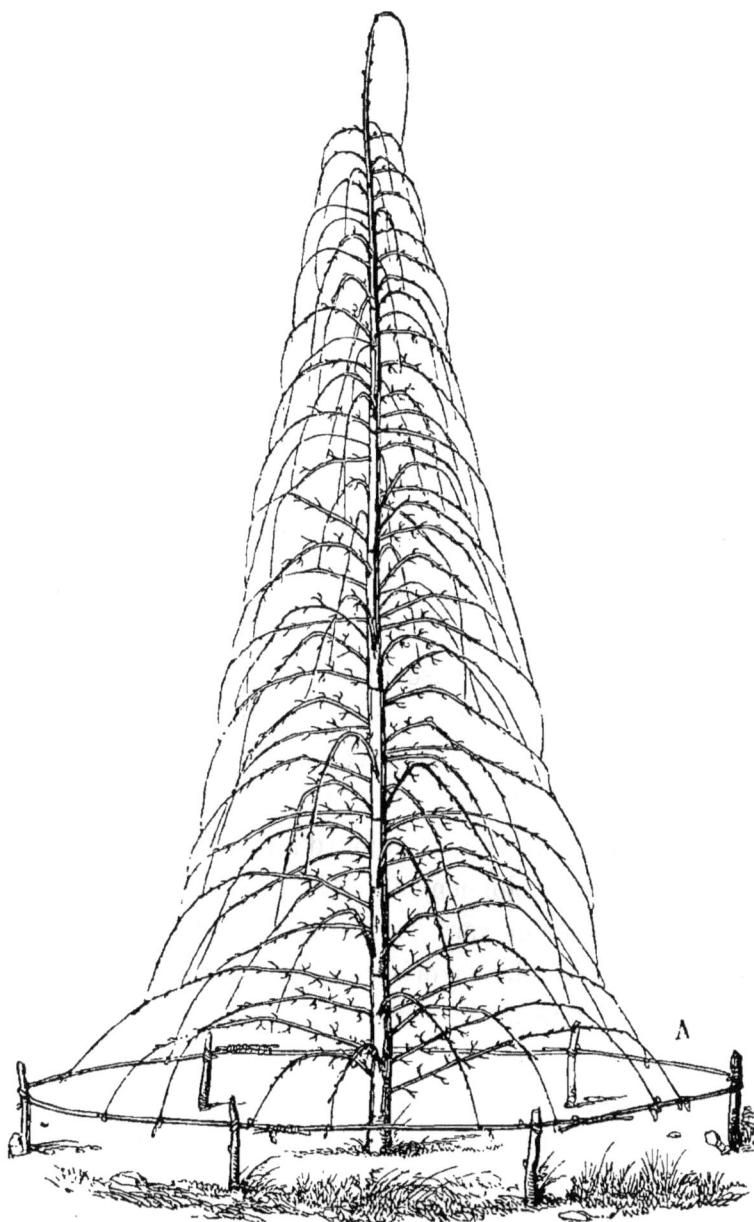

FIG. 60. — Arcure appliquée à un arbre en pyramide.

second été, après quoi l'arbre a perdu son excès de vigueur, et chacune des branches arquées se couvre de boutons à fleur. Au troisième printemps, on enlève toutes les ficelles, les branches conservent d'elles-mêmes leur position inclinée. Chaque année, on applique à ces arbres les opérations ordinaires, et ils continuent de fructifier abondamment.

Pour les arbres en espalier soumis à la forme en palmette, on procède de la même façon, c'est-à-dire que chacune des branches sous-mères est arquée et soumise ensuite au traitement que nous venons de décrire.

Taille du poirier à haut vent.

Ce n'est pas dans le jardin fruitier ou dans le potager fruitier qu'on cultive ordinairement les poiriers à haut vent. Leur tête volumineuse nuit trop, par son ombrage, aux cultures qu'on leur associe; leur place est dans les vergers. On réserve entre eux un intervalle de 8 à 12 mètres, suivant le degré de fertilité du terrain.

Le plus souvent encore aujourd'hui, on abandonne à eux-mêmes le développement et la formation de la tête des poiriers de haut vent, et c'est un tort. Il en résulte que les branches, plus favorisées d'un côté que de l'autre, donnent à la tête une forme irrégulière, et que l'arbre s'incline du côté le plus chargé. D'ailleurs il se produit une confusion telle dans le centre de la tête que la lumière ne pouvant y pénétrer, cette partie reste complétement stérile.

Pour éviter ces inconvénients, il convient de diriger la formation de la charpente de façon que les branches principales, naissant toutes au sommet du tronc, rayonnent régulièrement autour de ce point, en suivant d'abord une ligne presque horizontale, pour se redresser ensuite et s'élever verticalement. La tête de l'arbre, maintenue complétement vide, offre alors la forme d'une sorte de gobelet. Elle présente autant de volume que si on l'eût abandonnée à elle-même, mais elle est plus régulière, et surtout la lumière pourra éclairer la face interne, ce qui doublera le produit. Voici quels sont les moyens à employer pour imprimer à la charpente de ces arbres la disposition dont nous venons de parler.

Admettons que ces poiriers soient greffés un an après leur plantation à demeure. On ne laissera développer sur la greffe, pendant l'été qui suivra l'opération, que deux, trois ou quatre bourgeons, suivant la vigueur de la végétation, mais toujours de manière que ces bourgeons soient également distribués autour de la tige. Quant aux bourgeons superflus, on les pincera dès qu'ils auront atteint une longueur de 0^m,10 environ. On empêchera en outre, au moyen du pincement, que certains des bourgeons conservés ne deviennent plus vigoureux que les autres.

Au printemps suivant, si l'on a conservé trois bourgeons, l'arbre présente l'aspect de la figure 61. On raccourcit alors chacun des rameaux en A, à 0^m,20 environ de leur naissance, au-dessus de deux boutons placés de chaque côté, et qui devront seuls, pendant l'été qui suit, se développer vigoureusement. Tous les autres sont pincés lorsqu'ils ont 0^m,08 de longueur, et l'on continue de maintenir une égale vigueur entre les six bourgeons choisis. Au troisième printemps, le jeune arbre offre une tête composée

de six rameaux d'égale force (fig. 62). On les raccourcit
alors à 0ᵐ,35 ou 0ᵐ,40 de leur naissance en faisant également la section au-dessus de deux boutons placés sur

FIG. 64.

FIG. 62.

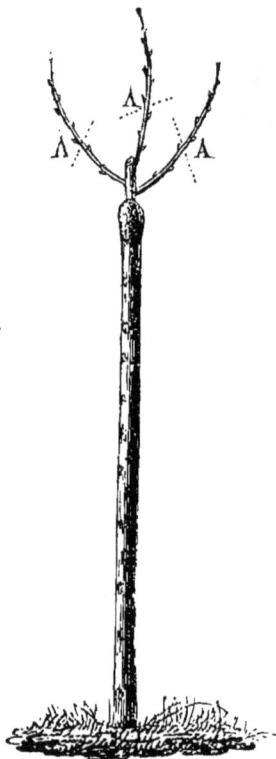

Poirier à haut vent,
première année de greffe.

Poirier à haut vent,
deuxième année de greffe.

les côtés. On répète d'ailleurs les opérations pratiquées
pendant l'été précédent.

Enfin, au quatrième printemps, la tête de l'arbre est
composée de douze rameaux principaux distribués circu-
lairement et régulièrement autour de la tige. Ces soins

suffisent pour imprimer à la tête de l'arbre une bonne disposition, et il n'y a plus qu'à maintenir une égale vigueur entre ces douze ramifications, et surtout à veiller chaque année à la suppression, vers la fin de mai, des bourgeons vigoureux qui naissent à la base et à la face intérieure des branches principales. Ces bourgeons épuiseraient les branches de la charpente et détermineraient dans la tête une dangereuse confusion.

Fig. 63.

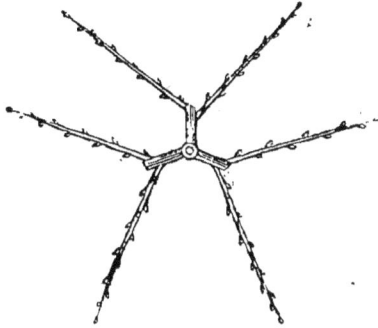

Vue en plan de la figure 62.

Quant aux rameaux à fruit, on en abandonne la formation et l'entretien à la nature.

Si, au lieu de greffer ces arbres après leur plantation à demeure, on préférait les planter tout greffés, il faudrait les choisir âgés seulement d'un an ou deux de greffe, et pourvus d'au moins deux rameaux principaux convenablement placés pour servir de base à l'établissement de la charpente. Après la plantation, on couperait seulement le tiers environ de la longueur de tous les rameaux. Ce n'est que l'année suivante qu'on appliquerait la première taille, consistant dans la suppression des branches inutiles et dans le raccourcissement de celles conservées, afin de les faire se bifurquer comme nous l'avons indiqué plus haut.

DU POMMIER.

Sol. — Le pommier s'accommode de terrains plus secs que le poirier. Les sols de consistance moyenne, un peu graveleux, lui conviennent surtout.

Choix des arbres. — Nous n'avons, à cet égard, rien à ajouter à ce que nous avons dit du poirier.

Greffe. — Le pommier est greffé sur le *pommier franc*, venu par semis de pepins, ou sur le *pommier doucin*, variété que l'on multiplie par le marcottage, ou enfin sur le *pommier paradis*, multiplié de la même façon.

Le pommier franc est le plus vigoureux de ces trois sujets. On le réserve exclusivement pour les arbres à haute tige. Le pommier doucin, un peu moins vigoureux, est choisi pour les arbres en pyramide, en espalier et en gobelet. Le pommier de paradis n'est employé que pour former ces arbres nains, disposés en petits vases ou buissons dont les fruits, très volumineux et d'excellente qualité, apparaissent dès la troisième année. Malheureusement la durée de ces arbres est beaucoup plus restreinte que celle des arbres greffés sur franc et sur doucin.

Quant aux greffes employées et au choix que l'on doit en faire, tout ce que nous avons dit à cet égard pour les poiriers s'applique également aux pommiers.

Variétés. — Quoique moins considérable que celui des poiriers, le nombre des variétés de pommiers à fruits de table est encore assez étendu. On en compte aujourd'hui plus de cent cinquante, parmi lesquelles nous indiquons les suivantes comme les meilleures, pour chaque mois de l'année.

NOMS DES VARIÉTÉS et DES SYNONYMES.	ÉPOQUE de MATURITÉ.	NOMS DES VARIÉTÉS et DES SYNONYMES.	ÉPOQUE de MATURITÉ.
Calville rouge d'été . . .	Août.	*Golden pippin.*	
Passe-pomme rouge.		*Rousse jaune tardive.*	
Borowiski.	Fin d'août.	Cornish gillyflower . . .	Déc. à février.
Monstruous pippin. . . .	Sept et oct.	Pigeon d'hiver	Déc. à février.
Louis Dix-Huit	Octobre.	*Gros pigeon.*	
Belle Dubois.		Graveinstein	Déc. à février.
Rhode-Island.		Reine des reinettes . . .	Déc. à février.
Gloria mundi.		Reinette grise du Canada.	Déc. à février.
Pater noster.		Reinette du Canada bl. .	Janv. à mars.
Reinette blanche	Oct. et nov.	Royale d'Angleterre . . .	Janv. à mars.
Reinette d'Espagne.		*Grosse reinette d'An-*	
Reinette tendre.		*gleterre.*	
Quatre goûts côtelée. . .	Oct. et nov.	Calville blanc d'hiver . .	Janv. à mars.
Pomme violette.		*Bonnet carré.*	
Calville rouge d'aut.		Bedfordshire foundling. .	Janv. à mars.
Pomme grelot.		Api gros.	Janv. à mars.
Calville de Saint-Sauveur.	Novembre.	Reinette de Hollande. . .	Janv. à mars.
Belle Joséphine.	Novembre.	Reinette blanche.	Févr. à mai.
Ménagère.		*Reinette blanche dure.*	
Brabant belle fleur. . . .	Nov. et déc.	Reinette du Vigan. . . .	Févr. à mai.
Reinette d'Angleterre . .	Nov. déc. qqf.	Reinette franche à côtes.	Févr. à mai.
Pomme d'or.	jusqu'à mars.	Reinette franche ordin. .	Févr. à mai jusqu'à août.
Citron	Décembre.	Reinette gr. haute bonté.	Févr. à mai
Reinette dorée	Nov. déc. qqf. jusqu'à mars.	*Reinette de Rouen.*	jusqu'à juill.

TAILLE.

Le pommier peut être cultivé comme le poirier, soit en plein vent, soit en espalier, et les formes indiquées pour cette dernière espèce lui conviennent également; les arbres greffés sur paradis pourront en outre être soumis à la forme en buisson ou en gobelet plus ou moins régulier. Cependant la position en plein vent, soit à haute tige, soit en pyramide ou en vase, lui est plus favorable que celle en espalier. Le pommier redoute plus que le poirier les expositions chaudes ; il lui faut un air frais et un peu humide. Toutefois, quelques variétés telles que les *reinettes du Canada*, *franches*, *dorées*, le *calville blanc*, l'*api*, le *pigeon d'hiver*, etc., supportent plus facilement la chaleur, et peuvent être placées en espalier, mais à l'exposition de l'ouest.

Quant au mode de taille, la végétation du pommier étant en tout semblable à celle du poirier, on lui applique les opérations décrites pour cette espèce, en se rappelant néanmoins que le pommier se ramifie un peu moins facilement que le poirier, et qu'il doit être taillé un peu plus court pour obtenir sur les branches le développement des boutons dont on a besoin.

DU PÊCHER.

Sol. — Le pêcher exige un sol profond, perméable, de consistance moyenne, et surtout contenant une certaine proportion de matière calcaire. On peut donner aux terrains qui ne remplissent pas ces conditions les qualités qui leur manquent, soit au moyen de défoncements, soit en rapportant des terres que l'on mélange au moyen de ce défoncement.

C'est presque exclusivement en espalier qu'on cultive le pêcher. Dans cette position il s'accommode des expositions de l'est, du sud et de l'ouest, mais il préfère la première.

Choix des arbres. — Les pêchers sont presque toujours plantés tout greffés. Ils doivent n'avoir qu'un an de greffe, être sains, vigoureux, et porter à leur base des boutons bien conformés (1). Le choix des sujets sur lesquels le pêcher a été greffé a une certaine importance pour le succès de la plantation. Les sujets d'amandier sont préférés pour les sols profonds et qui ne conservent pas d'humidité surabon-

---

(1) Si cependant on trouvait dans la pépinière des arbres de deux ans de greffe offrant les branches principales dont on a besoin pour commencer la charpente, on les prendrait de préférence.

8.

dante, les greffes sur prunier pour les sols humides; les racines de ce sujet ayant une tendance à s'enfoncer moins profondément que celles de l'amandier, elles échappent plus facilement à cette influence pernicieuse. Malheureusement, ces arbres sont moins vigoureux et vivent moins longtemps.

Greffe. — Ces deux sujets reçoivent la greffe en écusson à œil dormant ou en écusson double.

Variétés. — On cultive aujourd'hui une cinquantaine de variétés de pêchers. Mais plusieurs ne conviennent qu'au midi de la France et d'autres ne sont que médiocres. Nous donnons ici la liste de quelques-unes des meilleures pour chaque époque de maturité.

NOMS DES VARIÉTÉS et DES SYNONYMES.	ÉPOQUE de MATURITÉ.	NOMS DES VARIÉTÉS et DES SYNONYMES.	ÉPOQUE de MATURITÉ.
Desse hâtive.	Fin de juillet.	Admirable jaune.	Fin sept.
Grosse mignonne hâtive.	Comᵗ. d'août.	Admirable	Fin sept.
Pourprée hâtive	Mi-août.	*Belle de Vitry*.	
Grosse mignonne tardive.	Fin d'août.	Bourdine de Narbonne. .	Fin sept.
Belle Bausse	Fin d'août.	*Grosse royale*.	
Reine des vergers. . . .	Comᵗ. sept.	Chevreuse tardive. . . .	Fin sept.
Madeleine rouge courson.	Mi-sept.	*Bonouvrier*.	
Lisse grosse violette hât.	Mi-sept.	Desse tardive	Com. octob.
Violette de courson.			

TAILLE.

Le pêcher en espalier peut être soumis à des formes très variées. Nous ne décrirons ici que la forme en *palmette à branches obliques* et celle en *cordon oblique simple*, parce qu'elles sont faciles à obtenir, et qu'elles se prêtent bien à toutes les exigences locales.

Taille d'un pêcher en palmette à branches obliques.

Formation de la charpente. — Les arbres soumis à la forme en palmette à branches obliques (fig. 64) se composent d'une tige verticale ou *branche mère* A, portant à droite et à gauche, et depuis le sommet jusqu'à 0^m,25 de la base, une série de branches de second ordre ou *sous-mères*, qui atteignent toutes successivement la même longueur.

Ces branches, régulièrement espacées le long de la tige, naissent tous les 0^m,60 environ, de manière que, formant un angle de 15 degrés avec l'horizon, il s'établisse un intervalle de 0^m,55 entre chacune d'elles. Pour remplir le vide qui résulterait vers la base de cette obliquité des branches, chacune des deux branches sous-mères inférieures porte en dessous une branche de troisième ordre ou *tertiaire* B. Toutes ces ramifications sont latéralement garnies de rameaux à fruit, naissant à environ 0^m,10 les uns des autres.

Ces pêchers doivent être plantés à une distance telle les uns des autres, qu'ils puissent couvrir sur le mur une surface moyenne de 20 mètres carrés. Ainsi, pour un mur de 3 mètres d'élévation, il faudra les planter à 6^m,66 les uns des autres.

Première taille. — La première taille a pour but de faire développer, vers la base de l'arbre, les deux premières branches sous-mères, et d'obtenir un nouveau prolongement de la tige. A cet effet, on choisit deux boutons latéraux B (fig. 65), situés à environ 0^m,25 du sol, plus un bouton A placé au-dessus et en avant; c'est immédiatement au-dessus de ce dernier bouton, au point D, que l'on coupe la tige. Les boutons B sont destinés à former les deux

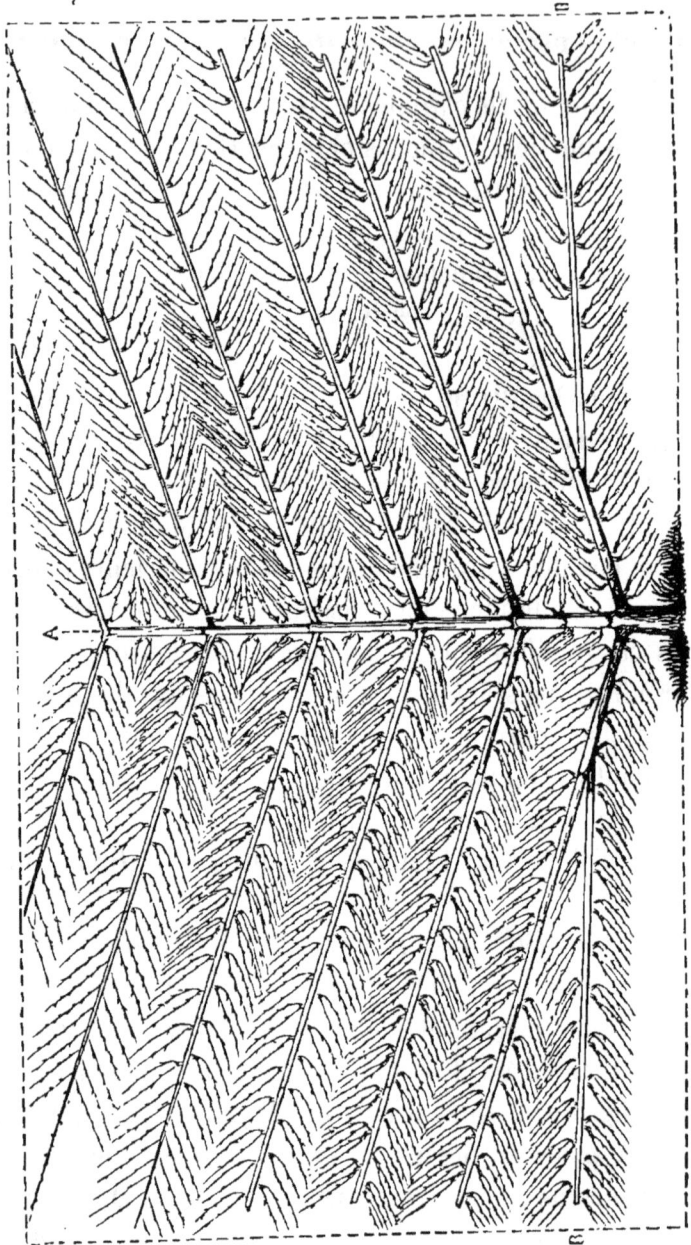

Fig. 64.

Pêcher soumis à la forme en palmette à branches obliques.

premières branches sous-mères, et le bouton A, le prolongement de la tige.

On choisit, autant que possible, un bouton placé en avant pour prolonger la tige et les branches sous-mères. La petite difformité qui existe au point d'attache de chaque nouveau prolongement est ainsi moins apparente, et la plaie, n'étant pas frappée par le soleil, se cicatrise mieux.

Pendant l'été qui suit, on protége le développement vigoureux des trois boutons choisis. S'il s'en développe d'autres, on les pince lorsqu'ils ont atteint une longueur de 0^m,10, et on les supprime complétement lorsque les bourgeons réservés ont acquis une longueur de 0^m,30. On maintient en outre une vigueur égale entre ces bourgeons par les moyens indiqués au chapitre des PRINCIPES DE LA TAILLE.

FIG. 65.

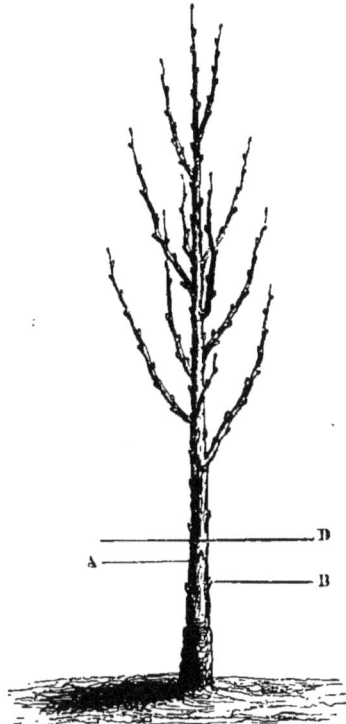

Première taille du pêcher en palmette.

Deuxième taille. — La figure 66 indique les résultats des opérations de l'année précédente. Lors de la deuxième taille on coupe les branches sous-mères à environ 0^m,90 de leur naissance en B, immédiatement au-dessus d'un bouton latéral C, destiné à former la branche tertiaire, et d'un bouton de devant B, qui formera le nouveau prolongement.

La tige est coupée au point A, à environ 0^m,40 au-dessus de la naissance des sous-mères, immédiatement au-dessus d'un bouton de devant. On pourrait couper cette tige plus haut, à 0^m,60 au-dessus des sous-mères, de façon à obtenir un

Fig. 66.

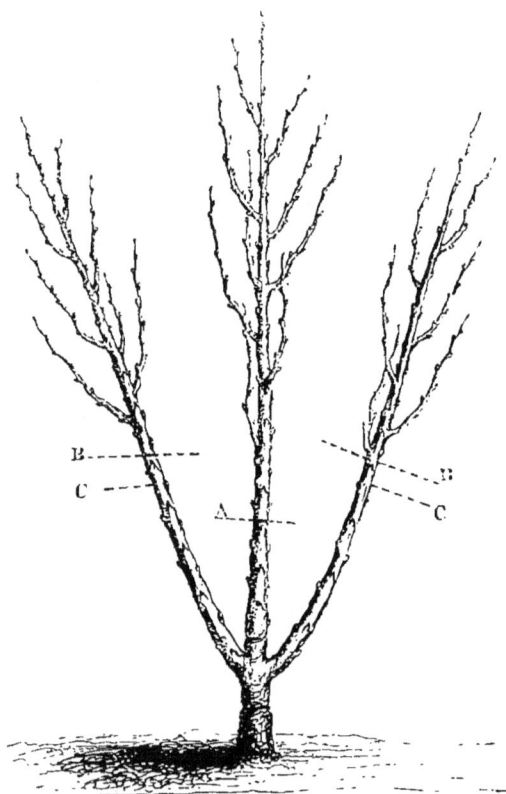

Deuxième taille du pêcher en palmette.

nouvel étage de sous-mères pendant l'été suivant, mais il est plus prudent de laisser un intervalle de deux ans entre l'obtention des premières sous-mères et celle des secondes. On favorise ainsi l'accroissement des ramifications inférieures de l'arbre qui ont toujours une tendance à devenir moins vigoureuses que celles du sommet.

Pendant l'été suivant, on donne au bourgeon terminal de chacune de ces branches, ainsi qu'à ceux qui naîtront des

FIG. 67.

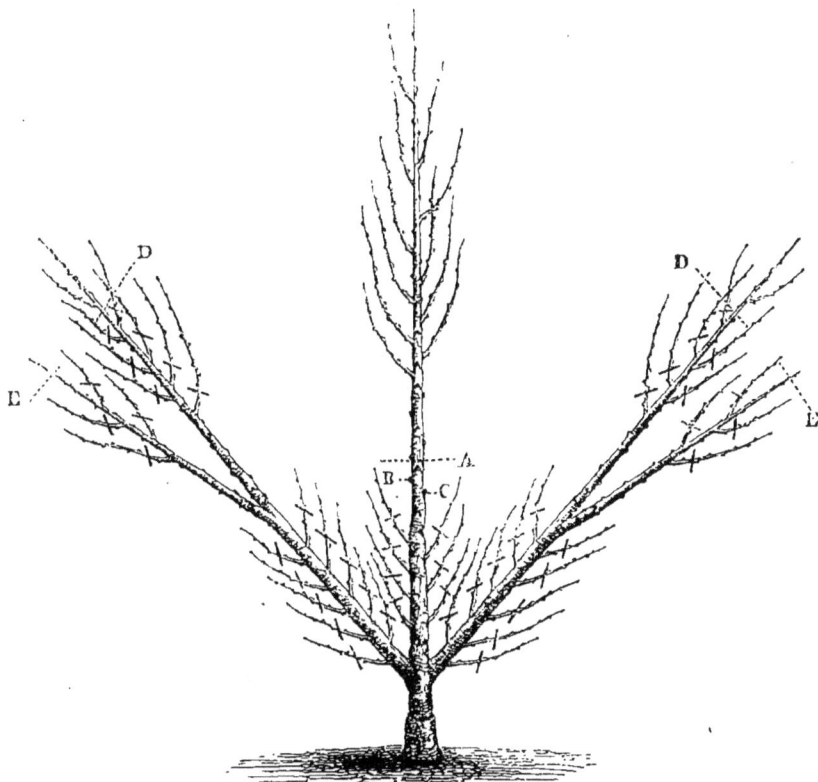

Troisième taille du pêcher en palmette.

boutons C, les soins nécessaires pour qu'ils conservent le même degré de vigueur. Quant aux autres bourgeons, on leur applique les opérations décrites plus loin (page 104), pour les transformer en rameaux à fruit.

Troisième taille. — Au troisième printemps le jeune

pêcher offre l'aspect de la figure 67. On coupe alors la branche mère à environ 0^m,60 de la naissance des sous-mères, en A, au-dessus de deux boutons latéraux B et C qui doivent développer deux nouvelles branches sous-mères, et d'un bouton placé en avant destiné à prolonger la tige. On supprime sur les branches sous-mères le tiers environ de leur nouveau prolongement, en D, afin de déterminer le développement de tous les boutons qu'il porte. Enfin, les branches tertiaires sont taillées le plus long possible, en E, afin de favoriser leur accroissement.

Lors de la taille des branches sous-mères et tertiaires, il importe de donner exactement la même longueur aux branches parallèles, pour maintenir l'équilibre de la végétation entre les deux côtés de l'arbre. Si cependant une branche était devenue plus forte que la branche correspondante, elle serait taillée un peu plus court. Quant aux rameaux à fruit développés vers la partie inférieure de l'arbre, on leur applique les opérations que nous décrirons plus loin (page 104).

Pendant l'été on donne aux bourgeons principaux de chacune des branches des soins semblables à ceux de l'année précédente.

Quatrième taille. — Les opérations de l'année précédente ont eu pour résultat (fig. 68) de faire naître un nouvel étage de branches sous-mères. On supprime en D un tiers de leur longueur; on coupe en E le tiers de la longueur du nouveau prolongement des sous-mères inférieures, ainsi que le prolongement des branches tertiaires qui sont taillées en F. Quant au nouveau prolongement de la tige, on le taille en A, à 0^m,60 des plus jeunes sous-

mères, de façon à obtenir par les boutons B et C un nouvel
étage de sous-mères. On peut alors en faire naître un

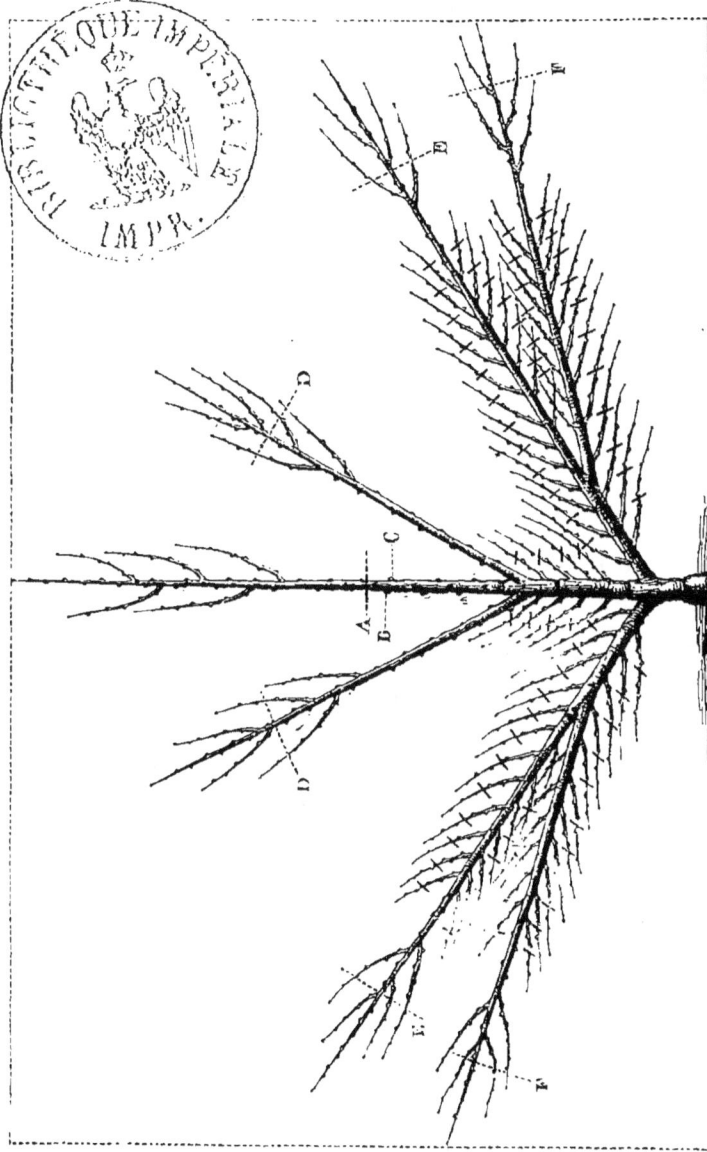

Fig. 68. — Quatrième taille du pêcher en palmette

9

chaque année, car les sous-mères inférieures ont acquis assez de force pour attirer à elles la séve dont elles ont besoin pour continuer de s'accroître.

Les soins indiqués plus haut sont répétés pendant l'été.

Cinquième taille. — Un troisième étage de branches sous-mères s'est développé pendant l'été précédent (fig. 69). Les prolongements des branches sous-mères et tertiaires sont taillés comme les années précédentes aux points D, E, F et G. Quant à la branche-mère, elle est coupée au point A, en vue d'obtenir un nouvel étage des boutons B et C. Les soins d'été sont les mêmes que précédemment.

Les opérations que nous venons de décrire sont continuées de manière à obtenir chaque année un nouvel étage de branches sous-mères et l'allongement successif de celles-ci. Vers la neuvième ou dixième année, l'arbre, soumis à ce traitement, offre l'aspect de la figure 64.

Lorsque l'arbre est arrivé à ce point, c'est-à-dire qu'il est circonscrit par le sommet du mur et par les arbres voisins, on termine le sommet comme le montre la même figure 64. D'un autre côté, on taille chaque année l'extrémité des branches sous-mères à 0^m,30 environ en deçà de la limite que l'arbre ne peut pas dépasser latéralement, de façon qu'il puisse développer pendant chaque été, à l'extrémité de ses branches, un bourgeon vigoureux qui détermine la circulation de la séve.

Comme les boutons dont on a besoin pour faire naître les branches principales ne sont pas toujours placés précisément au point où on le désirerait, et parfois même manquent complétement, on pose, vers le mois d'août, sur le bourgeon de prolongement de la branche mère une greffe en écusson

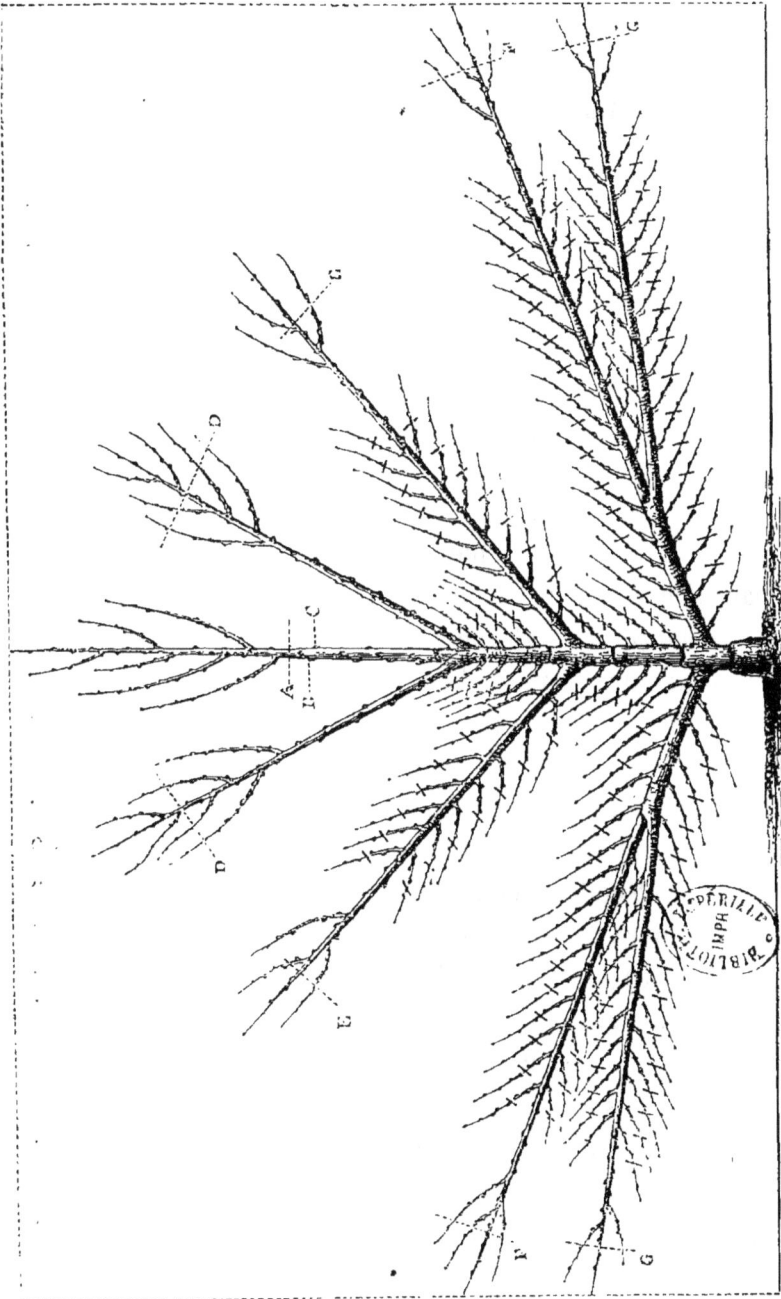

FIG. 69. — Cinquième taille du pêcher en palmette.

à œil dormant à chacun des points où il n'existe pas un
bouton bien conformé.

Palissage de la charpente du pêcher.

Le mode de palissage des branches principales de l'arbre
influe beaucoup sur le succès de la formation de la charpente. Nous examinerons séparément à ce point de vue le
palissage d'été et le *palissage d'hiver.*

Le *palissage d'été,* appliqué à la charpente de l'arbre,
n'est employé que pour fixer contre le mur les bourgeons
de prolongement de chacune des branches principales, à
mesure que ces bourgeons s'allongent. On commence à
attacher ces bourgeons aussitôt qu'ils ont atteint une longueur de 0^m,30, et on leur donne une direction parfaitement
parallèle avec la branche qui les porte.

Le *palissage d'hiver* est destiné à fixer solidement
l'arbre contre le mur. Appliqué à la charpente d'un arbre
en palmette, il doit être pratiqué ainsi : Chacune des branches est fixée contre le mur de façon à former une ligne
parfaitement droite, depuis sa naissance jusqu'à son extrémité. La moindre déviation fait obstacle à la circulation de
la séve, et celle-ci donne lieu, vers le point où commence
la courbure, à des bourgeons d'une vigueur excessive
(A, fig. 80) très difficiles à dompter et qui absorbent inutilement une grande quantité de séve.

Cependant les branches d'un arbre en espalier ne sont
pas destinées à occuper, dès leur naissance, leur position
définitive. Toutes celles qui devront être placées obliquement ou horizontalement sont amenées progressivement à
cette position. Si on les y plaçait du premier coup, la séve

se dirigerait entièrement vers le sommet de l'arbre, et l'accroissement des branches inclinées serait complétement suspendu. Donc, s'il s'agit d'une palmette à branches horizontales, les premières branches sous-mères inférieures (B, fig. 70) seront dressées pendant la première année de

FIG. 70.

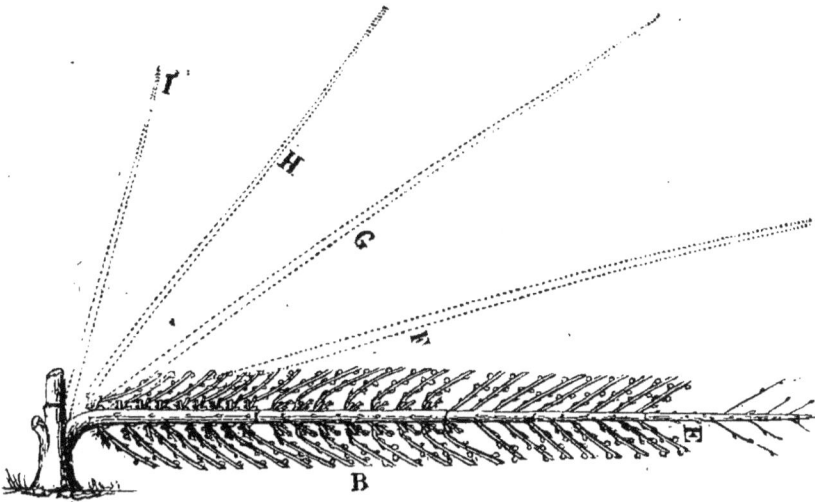

Palissage des branches de la charpente des arbres en espalier.

leur développement dans une direction qui se rapprochera un peu de la verticale en I, et chaque année on les abaissera progressivement en H, en G, en F et en E, *de manière qu'elles n'arrivent au point où elles devront rester qu'au moment où elles auront acquis tout leur accroissement en longueur.* Cette condition sera remplie scrupuleusement pour la formation des étages qui seront successivement établis.

C'est au moment de ce palissage qu'on doit examiner avec soin si certaines branches principales ne sont pas

9.

plus faibles que celles qui leur sont parallèles. On redresse alors les faibles et l'on abaisse les fortes.

Pour fixer les branches contre le mur, on emploie le *palissage à la loque* ou le *palissage sur treillage*.

Le *palissage à la loque* consiste dans l'emploi de fragments d'étoffe de laine (A, fig. 71) de 0^m,04 à 0^m,08 de long sur 0^m,02 environ de large. On les plie en deux, puis prenant la branche dans la boucle, on fixe sur le mur les deux extrémités de la loque à l'aide d'un clou (B, fig. 72 et 94) à pointe un peu obtuse et d'une longueur de 0^m,03 à 0^m,05. Ces clous sont enfoncés à la profondeur de

FIG. 73.

FIG. 71.　　　　FIG. 72.

Loque à palisser.　　Clou à palisser.　　Marteau à palisser.

0^m,05 environ, à l'aide d'un marteau (fig. 73), dont la tête, A, fendue, fait l'office de tenailles lors du dépalissage. Les cultivateurs de Montreuil réunissent les loques, les clous et le marteau dans un petit panier (fig. 74) qu'ils fixent devant eux à l'aide d'un ceinturon de cuir, A. Les loques peuvent servir plusieurs fois; chaque année après le dépalissage, on les fait bouillir dans l'eau afin de détruire les œufs des insectes nuisibles qu'elles renferment souvent en très grande quantité. Ce mode est incontestablement le plus satisfaisant, mais il exige un mur couvert, sur toute sa surface, d'une couche de plâtre d'au moins 0^m,02 d'épaisseur, afin que les clous puissent être enfoncés sans obstacle. Dans les localités où cet enduit de plâtre ne résisterait pas à l'humidité, ou dans celles où cette matière est d'un prix élevé, on s'en tient au palissage sur treillage.

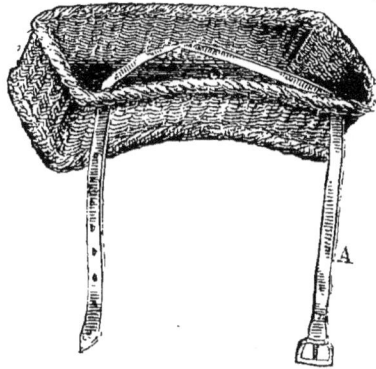

Fig. 74.

Panier de Montreuil.

Palissage sur treillage. — La nécessité de fixer contre le mur, non seulement les branches de la charpente, mais encore les rameaux à fruit et les bourgeons qui se développent pendant l'été, rend indispensables des points d'attache multipliés;

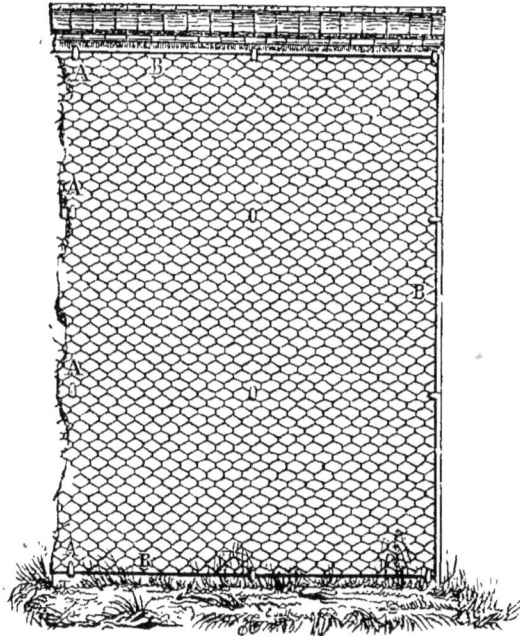

Fig. 75. — Grillage de fil de fer pour palisser le pêcher.

aussi la dimension des mailles du treillage ne peut-elle pas

excéder 0ᵐ,08 au plus, d'un côté à l'autre. Or, un treillage de bois ainsi construit serait très coûteux; on a donc

FIG. 76.

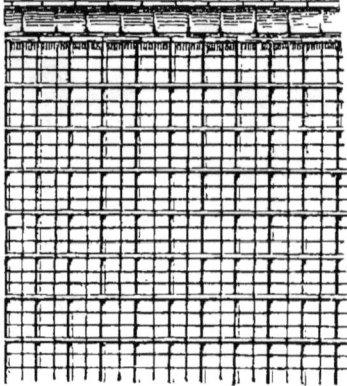

Treillage de bois garni de fil de fer
pour le pêcher.

pensé à employer les gril-
lages de fil de fer (fig. 75),
ou même les treillages de bois
à grandes mailles, mais divi-
sées par du fil de fer (fig. 76).
Quant aux ligatures, les moins
coûteuses et les meilleures
sont l'osier, en ayant soin de
placer entre le treillage et la
branche, à chaque point où
cette dernière est fortement
comprimée contre le treillage,
un peu de liége ou de bourre
pour empêcher la branche d'être meurtrie.

Il faut veiller aussi, pendant l'été, à ce que les branches,
en grossissant, ne soient pas étranglées par les ligatures.
Ce cas arrivant, il faudra se hâter de supprimer ces ligatures partout où il se manifesterait.

Quant au palissage des bourgeons du prolongement des
branches principales, aussitôt après le palissage d'hiver,
on fixe sur le treillage, à chacun des points où ces bourgeons doivent naître, des baguettes sur lesquelles ils seront
dressés et attachés à mesure qu'ils s'allongeront.

Obtention et remplacement des rameaux à fruit du pêcher.

Il existe une différence bien tranchée entre les rameaux
à fruit des arbres à fruits à pepin et ceux des arbres à

fruits à noyau. Dans les premiers, la lambourde ne peut être formée que dans l'espace d'environ trois ans ; mais dès qu'elle est constituée, elle peut vivre et fructifier indéfiniment, pourvu qu'on lui applique les soins qu'elle réclame. Dans les arbres à fruits à noyau, au contraire, et notamment dans le pêcher, les rameaux à fruit épanouissent leurs fleurs dès le printemps qui suit leur naissance, mais ils n'en produisent plus de nouvelles. Celles qui apparaissent l'année suivante ne sortent que sur les nouveaux rameaux qui se sont développés pendant l'été précédent sur le rameau primitif; d'où il suit que, dans ces arbres, on doit s'occuper d'abord de faire naître les rameaux à fruit, puis de les remplacer chaque année, tandis que dans les arbres à fruits à pepin il suffit de les conserver, après les avoir fait naître. Ceci posé, voyons maintenant comment on fait naître et comment on remplace les rameaux à fruit du pêcher.

Nous savons qu'il faut que les rameaux à fruit naissent régulièrement de chaque côté de toutes les branches de la charpente à environ 0^m,10 les uns des autres, de manière que chacune de ces branches ressemble à une arête de poisson. Voici comment on obtient ce résultat.

Première année. — Prenons comme exemple le prolongement quelconque d'une branche de la charpente, prolongement développé pendant l'été précédent. On supprime, lors de la taille d'hiver, le tiers environ de la longueur de ce nouveau prolongement, afin de faire développer complétement tous les boutons qu'il porte (1). Vers le milieu de

(1) Sans cette opération, un certain nombre des boutons de la

mai, ce prolongement offre l'aspect de la figure 77 ; tous les
boutons se sont développés en bourgeons. Dès que ceux-ci

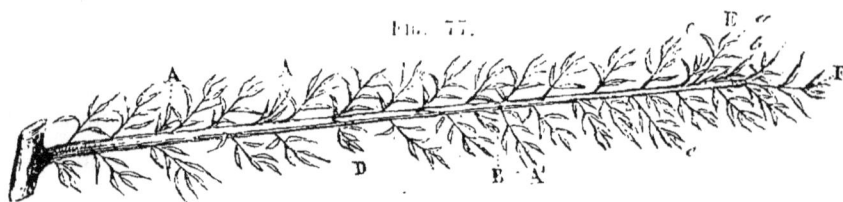

FIG. 77.

Ébourgeonnement d'une branche horizontale.

ont atteint une longueur de 0^m,06, on procède à l'*ébourgeonnement*, c'est-à-dire qu'on supprime les bourgeons
inutiles qui produiraient de la confusion, absorberaient la
séve sans profit, et donneraient lieu à des rameaux qu'on
serait obligé de supprimer l'année suivante. On enlève donc
tous les bourgeons qui naissent en avant (A', fig. 77) ou
derrière ces branches, en A. Il n'y a d'exception que pour
le cas où les bourgeons latéraux se trouveraient trop éloi-
gnés les uns des autres. On prend alors un bourgeon de
devant ou un bourgeon de derrière comme en D. Si l'on
avait à choisir entre les deux, il vaudrait mieux prendre le
bourgeon de derrière ; l'irrégularité serait moins apparente.

Les prolongements des branches de la charpente offrent
ordinairement des boutons à bois simples (A, fig. 78) ; mais
souvent aussi ces boutons sont doubles, B, ou même triples,
C ; il faut ne laisser qu'un seul bourgeon à chacun de ces
points. Si ces bourgeons doubles ou triples naissent sur le

base resteraient endormis, et il en résulterait un vide parmi les rameaux à fruit, vide très difficile à combler, car les boutons qui ne
se seraient pas développés pendant cette première année seraient
éteints l'année suivante.

dessus d'une branche oblique ou horizontale (E, fig. 77), on réserve le moins vigoureux, *c*, et l'on supprime les deux autres, *a* et *b* ; car on a à redouter là un excès de vigueur. On choisit, au contraire, le plus vigoureux, E, si ces bourgeons sont situés, sous la branche. Il en sera de même s'il s'agit d'obtenir un nouveau prolongement de la branche en F.

Fig. 78.

Si enfin l'ébourgeonnement s'applique à une branche de la charpente placée dans une position verticale (fig. 79), on conserve, parmi les bourgeons doubles ou triples, le moins vigoureux, *a*, si les bourgeons sont situés sur la moitié supérieure de la longueur de la branche, et l'on conserve au contraire le plus vigoureux, *b*, s'ils sont placés sur la moitié inférieure. Tous les bourgeons ainsi supprimés ne doivent pas être arrachés, mais coupés à leur base avec la lame du greffoir.

Fig. 79.

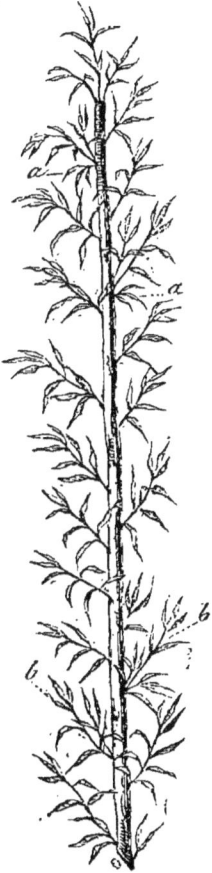

Ébourgeonnement des branches verticales.

Rameau de pêcher avec des boutons à bois simples, doubles et triples.

Les bourgeons conservés ne doivent pas être abandonnés à eux-mêmes, car beaucoup deviendraient trop vigoureux au détriment du

bourgeon terminal, qui doit conserver la prééminence ; et
de plus, ils n'offriraient pas ou presque pas de boutons à
fleur. D'un autre côté, ils ne suivraient pas la direction
nécessaire pour la forme qu'il importe de donner à l'arbre.
Il faut donc, pendant leur développement, s'opposer à ce
qu'ils dépassent un certain degré de vigueur, et leur imprimer une direction convenable.

Le premier de ces résultats s'obtient par le *pincement*.
Ainsi, les bourgeons latéraux qui, placés à la partie supérieure des branches horizontales (C', fig. 80) ou obliques,

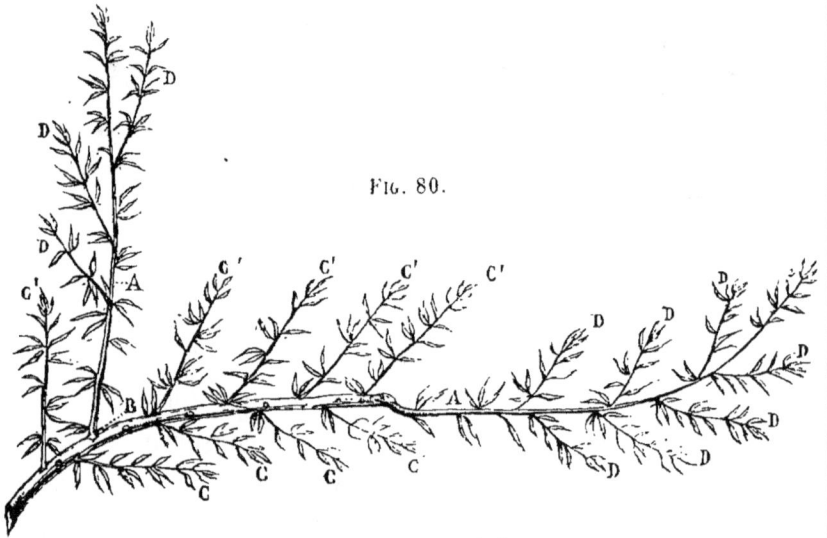

Fig. 80.

Branche de pêcher pourvue de bourgeons.

et ceux qui, avoisinant le sommet des branches verticales,
ont une tendance à devenir plus vigoureux qu'il ne convient, doivent être pincés dès qu'ils ont une longueur de
0^m,25 à 0^m,30.

Toutefois, si l'on rencontrait certains bourgeons qui, dès

leur jeune âge, indiqueraient par leur grosseur et leur vigueur qu'ils se transformeront en bourgeons gourmands
(A, fig. 81), on les couperait au-dessus des deux feuilles de
la base dès qu'ils auraient atteint 0^m,15. Bientôt il se formera, à la base de ces deux feuilles, des boutons qui se développeront en bourgeons anticipés (B, fig. 82), et qu'on

Fig. 81.   Fig. 82.

Pincement des bourgeons   Résultat du pincement des bourgeons
gourmands.   gourmands.

utilisera comme rameaux à fruit lorsque viendra la taille
d'hiver.

Quant aux bourgeons qui sont moins vigoureux, comme
les bourgeons C (fig. 80), on ne pince que ceux dont la
longueur dépasse 0^m,40.

Un premier pincement suffit quelquefois pour arrêter
l'accroissement démesuré des bourgeons destinés à former
des rameaux à fruit; mais souvent aussi les bourgeons pincés
une première fois développent, vers leur sommet, un ou
deux bourgeons anticipés (fig. 83). Ces nouveaux bourgeons
sont pincés lorsqu'ils ont atteint 0^m,15; rarement on est
obligé de pincer une troisième fois.

Lorsque le bourgeon gourmand (A, fig. 80), qui prolonge
chaque branche de la charpente, a atteint une certaine longueur, il développe aussi des bourgeons anticipés D. Ces

10

produits doivent être également ébourgeonnés et pincés. Toutefois on n'applique ces opérations que jusqu'au point

Fig. 83.

Pincement des bourgeons anticipés.

où l'on suppose que ces bourgeons gourmands seront raccourcis, lors de la taille d'hiver suivante. Les pratiquer au delà serait fatiguer l'arbre inutilement.

Nous avons dit qu'il fallait, en outre, imprimer à tous ces bourgeons une direction convenable. Ce second résultat s'obtient au moyen du *palissage d'été*. Voici comment on procède.

Tous les bourgeons sont soumis au palissage d'été. Ceux qui forment le prolongement des branches de la charpente sont attachés contre le mur aussitôt qu'ils ont une longueur de 0ᵐ,30.

Quant aux bourgeons latéraux, on palisse les plus vigoureux dès qu'ils ont une longueur de 0ᵐ,25, et les plus faibles dès qu'ils ont 0ᵐ,35. On attache les uns et les autres de façon à leur faire décrire un angle aigu avec la branche qui les porte. On évite d'enfermer les feuilles dans les ligatures et de faire croiser les bourgeons les uns sur les autres.

Pour fixer ces diverses productions contre le mur on se sert de clous et de loques, si le mode de construction des murs le permet, ou de jonc vert si l'on palisse sur treillage.

On voit qu'en exécutant le palissage d'été progressivement et non tout d'un coup, comme on le fait trop souvent, on égalise la vigueur des divers bourgeons.

Deuxième année. — Les soins donnés aux bourgeons du pêcher pendant l'été ont pour résultat de les transformer en rameaux constitués comme ceux que nous allons décrire.

Les bourgeons placés au-dessous des branches obliques ou horizontales, et vers leur naissance,

FIG. 84.

se transforment souvent en petits rameaux très courts, n'offrant presque que des boutons à fleur, et se terminent par un bouton à bois (fig. 84). Ces petites productions, connues sous le nom de *rameaux à fruit bouquet,* ne doivent recevoir aucune taille ; ce sont eux qui donnent les plus beaux fruits.

D'autres bourgeons, placés aussi peu favorablement, mais qui cependant se

Rameau à fruit bouquet du pêcher.

sont allongés un peu plus, donnent lieu à des rameaux longs de 0^m,10 à 0^m,20, et qui se couvrent de boutons à fleur sur presque toute leur longueur, excepté vers leur base, où l'on remarque deux ou trois boutons à bois (fig. 85) : on les nomme *rameaux à fruit proprement dits.* On taille ces rameaux afin d'obtenir pour l'année suivante un nouveau rameau à fruit bien placé ; mais on conserve quelques fleurs pour assurer la fructification.

Pour établir, par exemple, la nécessité absolue de raccourcir chaque année ces rameaux à fruit, supposons que ce rameau A (fig. 85) soit abandonné à lui-même : il por-

tera les fruits pendant l'été même, puis la séve fera développer vers le sommet un ou deux bourgeons, qui seront
transformés en rameaux au printemps
suivant, et sur lesquels seuls apparaî-
tront les boutons à fleur ; car nous
savons que dans le pêcher chaque rameau ne fructifie qu'une fois. Cette ramification offrira donc, au printemps
suivant, l'aspect de la figure 86. Si
l'on abandonne encore cette branche à
elle-même, les mêmes causes produi-
ront les mêmes effets, et l'on conçoit
que si chacun des rameaux latéraux des
branches de la charpente continue ainsi
de s'allonger indéfiniment, la séve ne
suffira plus à alimenter toutes ces ramifications, et que beaucoup d'entre elles
se dessécheront surtout vers la base de
l'arbre. De là des vides nombreux et la
disparition forcée de la forme que l'on
avait imposée à l'arbre. C'est ainsi que
périssent les pêchers que l'on ne taille pas, ou dont les
rameaux à fruit sont mal taillés.

Fig. 85.

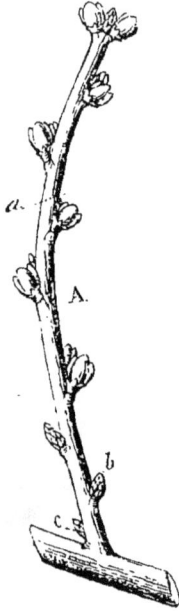

Rameau à fruit proprement
dit du pêcher.

Ceci posé, voyons où le rameau A (fig. 85) doit être
taillé, car il faut à la fois conserver un nombre de fleurs
suffisant, et déterminer le développement des boutons à bois
b et c. Ce double résultat sera atteint si l'on coupe ce rameau en a, à 0^m,08 ou 0^m,10 de sa naissance.

Si les boutons à fleur du pêcher B (fig. 87) sont
presque toujours accompagnés d'un bouton à bois A

on voit cependant certains petits rameaux, connus sous le nom de *rameaux chiffons*, qui en sont complétement dé- ·

FIG. 86.

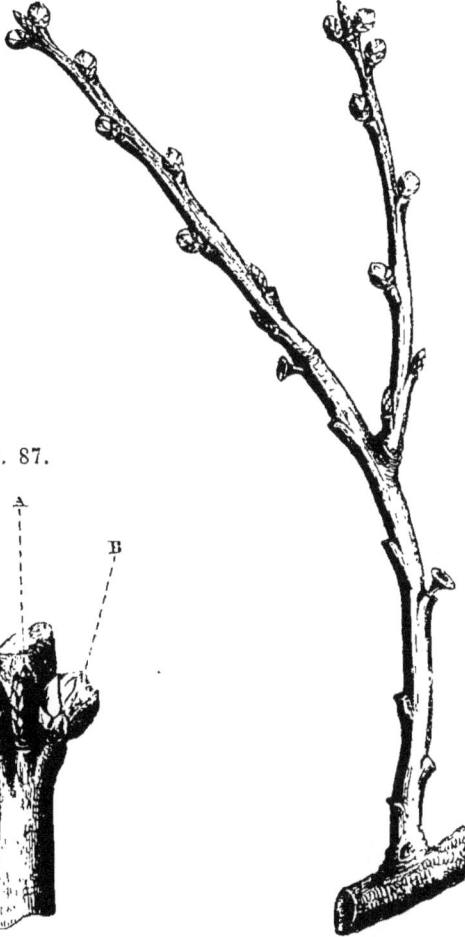

FIG. 87.

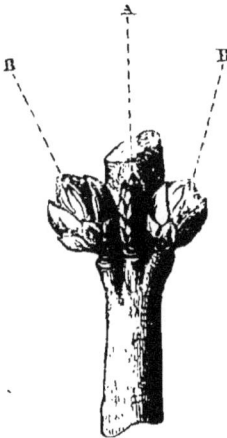

Bouton à bois et boutons à fleur
du pêcher.

Rameau à fruit du pêcher abandonné
à lui-même.

pourvus, excepté vers la base où il en existe quelquefois un ou deux à peine visibles (fig. 88). On avait pensé, jusqu'à

10.

ces dernières années, que les fleurs qui naissent ainsi sans être accompagnées d'un bouton à fleur étaient toujours stériles, et ne tenant aucun compte des rameaux qui les portent, on les supprimait lors de la taille; mais l'expérience a démontré, au contraire, que ces fleurs pouvaient donner de très beaux fruits, et ces rameaux sont aujourd'hui conservés et taillés comme le précédent, en A.

Certains bourgeons, plus favorisés, produisent des rameaux plus vigoureux et qui (fig. 89) portent des boutons à bois depuis la base jusqu'à 0^m,06 ou 0^m,08 de hauteur: on les nomme *rameaux mixtes*. On les taille au-dessus de la seconde fleur, afin de leur faire produire le résultat indiqué ci-dessus.

Si les bourgeons sont encore plus vigoureux que ceux qui produisent les rameaux mixtes, il en résulte des productions semblables à celles de la figure 90, et qui ne portent que des boutons à bois accompagnés seulement de quelques boutons à fleur vers le sommet. Ces rameaux, qui prennent le nom de *rameaux à bois*, doivent être taillés au-dessus des deux boutons à bois les plus rapprochés de la base. Si on ne les taillait pas, ou si on les taillait très longs pour conserver quelques fleurs du sommet, les bourgeons de remplacement ne naîtraient pas à la base, et l'on serait exposé, en éloignant ces productions de la branche principale, à les voir devenir languissantes et même périr. Pour un fruit qu'on aurait pu récolter cette première année, on aurait donc sacrifié tous ceux qu'eussent pu donner successivement les rameaux qui se seraient formés chaque année à ce point, si on les avait fait naître plus bas.

Nous avons signalé, sur les bourgeons gourmands qui

servent de prolongement aux branches de la charpente, la présence de bourgeons anticipés. Ceux-ci donnent lieu aux

FIG. 88.

FIG. 89.

FIG. 90.

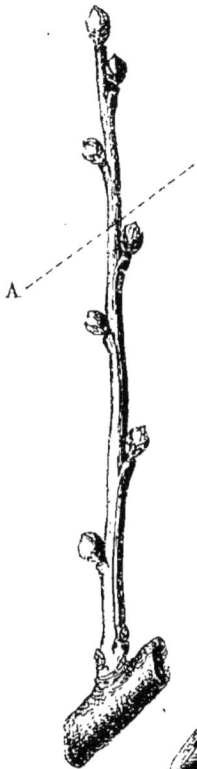

Rameau à fruit chiffon du pêcher.

Rameau mixte du pêcher, première taille.

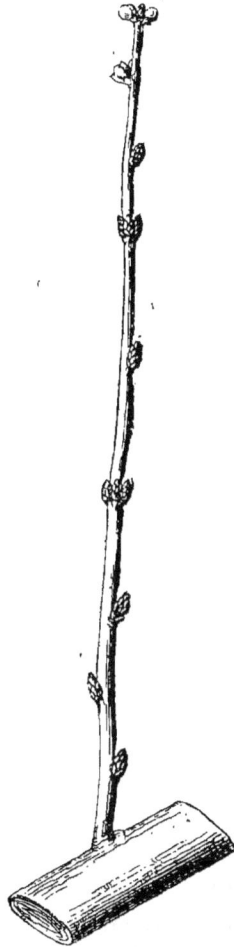

Rameau à bois du pêcher, première taille.

rameaux anticipés (fig. 91). Ces rameaux offrent une structure très différente de ceux que nous venons d'étudier. En

effet, ils sont presque toujours dépourvus de boutons jusqu'à 0^m,08 ou 0^m,10 de hauteur. C'est là une disposition
fâcheuse, car, quoi
qu'on fasse, le remplace-
ment qu'ils développe-
pent sera toujours trop
éloigné de la branche.
Ces rameaux sont tail-
lés au-dessus du bou-
ton à bois le plus rap-
proché de la base. Cette
taille courte, répétée
pendant plusieurs an-
nées, a quelquefois
pour résultat de faire
apparaître de nouveaux
boutons à bois au point
de jonction du rameau
avec la branche.

FIG. 91.

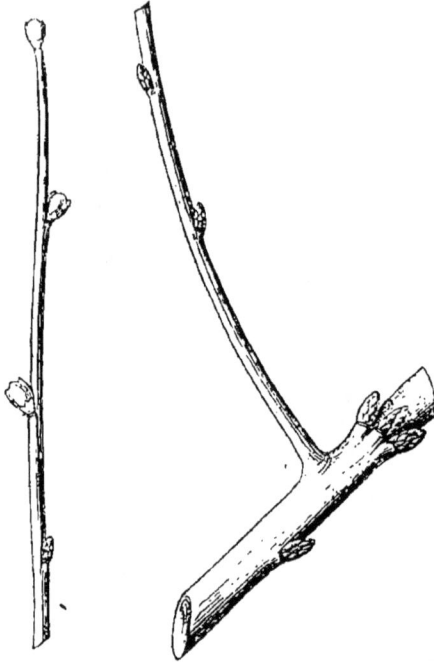

Rameau anticipé du pêcher, première taille.

Les divers rameaux
dont nous venons de
parler sont les seuls
qu'on devrait rencontrer dans un pêcher bien conduit.
Malheureusement le pincement n'est pas toujours fait assez
tôt pour certains bourgeons vigoureux, et ceux-ci se transforment en bourgeons gourmands. Il en résulte alors des
rameaux gourmands (fig. 92) là où l'on ne voulait avoir
que des rameaux à fruit. Si ces rameaux gourmands étaient
taillés au-dessus des deux boutons à bois les plus rapprochés de leur base, ceux-ci donneraient lieu pendant l'été à

deux nouveaux bourgeons aussi
vigoureux et qu'on ne pourrait
plus dompter, la séve ayant
pris son essor vers ce point.
On obtiendra un meilleur résultat en pratiquant à $0^m,03$ de
la base une torsion très pronon-
cée, puis en coupant à $0^m,06$
environ au-dessus de cette torsion. Une partie de la séve tra-
versera le point tordu, et ira se
perdre au-dessus. Les boutons
inférieurs, n'en recevant que
tout juste ce qu'il leur faudra
pour se développer, pousseront
moins vigoureusement et donneront lieu, pour l'année suivante, à deux rameaux de remplacement couverts de boutons à fleur. A ce moment, on
coupera le rameau primitif
immédiatement au-dessus du
point où les rameaux de remplacement seront nés, et toute
la partie tordue disparaîtra.

Lorsque les rameaux à fruit
ont été taillés, ainsi que les
branches de la charpente, et
que celles-ci ont été fixées
contre le mur, on procède

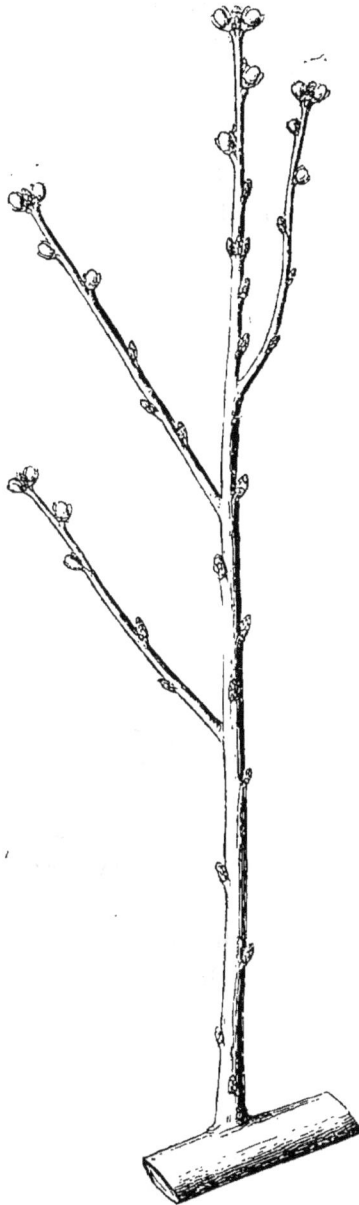

FIG. 92. — Rameau gourmand du
pêcher, première taille.

immédiatement au *palissage d'hiver de ces rameaux à fruit*. Les rameaux A (fig. 93), placés au-dessus des branches obliques ou horizontales, sont rapprochés de celles-ci de façon à former un angle aigu. Cette direction un peu forcée a pour but d'entraver la circulation de la séve vers le sommet du rameau et de favoriser à la base le développement des boutons qui doivent produire les rameaux de remplacement.

Les rameaux D, qui naissent au-dessous des branches

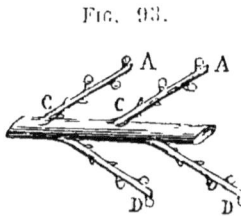

FIG. 94.

FIG. 93.

Palissage des rameaux à fruit du pêcher.

Palissage à la loque des rameaux à fruit du pêcher.

obliques ou horizontales, doivent en être rapprochés aussi le plus possible en vue du même résultat.

Enfin, les rameaux situés sur les côtés des branches verticales doivent être attachés de manière à former un angle droit avec ces branches. Si on les rapprochait de la ligne verticale, on favoriserait l'action de la séve sur les boutons de leur sommet au détriment de ceux de la base.

La figure 94 montre comment ces rameaux sont fixés au

moyen du palissage à la loque. Ceux qui doivent être palissés sur treillage peuvent être fixés au moyen de ligatures
faites avec de l'osier fin. Toutefois, depuis quelques années,
on commence à employer pour cet usage le fil de plomb
n° 3. Cette ligature, faite aussi rapidement qu'avec l'osier,
est à peine visible, et c'est là le principal avantage qu'elle
offre sur l'osier, dont les nœuds très nombreux forment
avec les rameaux une confusion disgracieuse. Il est vrai
que l'emploi du plomb filé donne lieu à une dépense un peu
plus élevée que l'osier.

Pendant l'été suivant, les rameaux à fruit reçoivent la
série d'opérations que nous allons décrire.

Lorsque les bourgeons ont atteint une longueur de
0^m,06 à 0^m,08, on ébourgeonne les rameaux à fruit en ne
conservant sur chacun d'eux que les deux bourgeons les
plus rapprochés de la base, et chacun de ceux qui accompagnent un fruit (fig. 95). Les deux bourgeons A sont supprimés pour éviter la confusion lors du palissage d'été, et
conserver plus de vigueur pour les bourgeons de remplacecement. Il pourra se faire que les fleurs conservées sur certains rameaux à fruit, lors de la taille d'hiver, ne donnent
lieu à aucun fruit ; or, comme ces fleurs ont ordinairement
déjà disparu lorsqu'on pratique l'ébourgeonnement, en même
temps qu'on exécute cette dernière opération, on soumet ces
rameaux à la *taille en vert*. Ainsi le rameau B (fig. 96) étant
complétement dépourvu de jeunes fruits, les bourgeons A
que l'on aurait conservés pour nourrir ces fruits deviennent
inutiles. On coupe donc en C le rameau B, pour ne conserver que les deux bourgeons D qui prendront un développement plus convenable pour assurer le remplacement.

Après cette taille en vert, et lorsque le moment est venu, on pratique successivement le pincement et le palissage d'été, en observant toutefois que les bourgeons qui accompagnent les jeunes fruits (fig. 95) doivent être pincés dès

Fig. 95.

Ébourgeonnement des rameaux à fruit du pêcher, première année.

qu'ils ont atteint une longueur de $0^m,15$, afin de favoriser le développement des deux bourgeons de remplacement situés à la base.

Malgré tous les soins que l'on mettra à maintenir les deux côtés des branches de la charpente bien garnis de rameaux à fruit, des vides pourront se manifester, soit par la destruction de quelques-uns des boutons latéraux des nouveaux prolongements de ces branches, soit même par la mort accidentelle des rameaux à fruit déjà obtenus. Le meilleur moyen de combler ces vides est l'emploi de la greffe par approche herbacée (page 15), que l'on peut commencer à pratiquer au moment du palissage d'été.

Les opérations que réclament ces rameaux à fruit pen-

Fig. 96.

Taille en vert du pêcher, première année.

dant ce second été sont complétées par les soins à donner aux fruits.

La surabondance des fruits est encore plus pernicieuse pour le pêcher que pour les arbres à fruits à pepin. Lors donc que les pêches sont trop abondantes, il faut en enlever un certain nombre, de manière qu'il n'en reste qu'un nombre égal à la moitié de celui des rameaux à fruit. On exécute cette éclaircie lorsque les pêches ont atteint le volume d'une grosse noix, et l'on fait porter les suppressions sur le dessous des branches obliques ou horizontales, et plutôt sur la moitié inférieure de l'arbre que sur la moitié supérieure.

Lorsque les pêches ont presque atteint leur entier développement, on enlève les feuilles qui couvrent les fruits et les empêcheraient d'acquérir leurs plus belles couleurs; cet effeuillement s'exécute en deux fois et par un temps sombre, pour habituer progressivement les fruits à la plus grande influence du soleil. Il ne faut pas arracher les

Fig. 97.

feuilles, mais les couper de manière à laisser la queue ou pétiole et une petite portion de la feuille. Autrement l'œil placé à la base du pétiole serait anéanti, et cela pourrait nuire à la production de l'année suivante.

Troisième année. — Au troisième printemps, la seconde taille d'hiver est pratiquée ainsi qu'il suit.

Les *rameaux à fruit proprement dits* (fig. 85) qui ont fructifié pendant l'été précédent sont constitués, l'année suivante, comme l'indique la figure 97. On coupe en *a* le rameau à fruit primitif, et la base B, destinée à porter constamment les rameaux à fruit, reçoit le nom de *branche coursonne*. Le rameau *b* est choisi comme nouveau rameau à fruit et on le coupe en *b*, pour

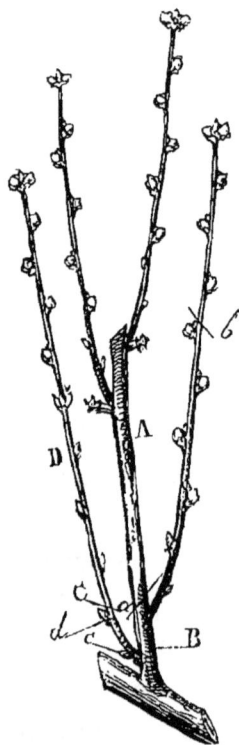

Deuxième taille des rameaux à fruit du pêcher.

lui conserver un certain nombre de fleurs. Quant au rameau D, on le destine à fournir le remplacement, et on le coupe en C, immédiatement au-dessus des deux boutons à bois les plus rapprochés de la base, c et d, et qui fourniront, pour l'année suivante, deux nouveaux rameaux de remplacement, qui seront taillés comme les deux derniers dont nous venons de parler. Il en résulte que, chaque année, la branche coursonne porte deux rameaux nouveaux, l'un plus éloigné de la branche de la charpente, et que l'on taille assez long parce qu'il doit être rameau à fruit, tandis que l'autre, plus rapproché de la base et destiné à fournir le remplacement, est taillé au-dessus des deux boutons à bois inférieurs. On donne à ce mode de taille le nom de *taille en crochet*.

Parfois cependant il se fait que le rameau *b*, le mieux placé pour porter les fruits, est dépourvu de boutons à fleur. Comme il est trop éloigné de la branche de la charpente pour fournir les rameaux de remplacement, on coupe le rameau à fruit primitif en B, et le rameau D, qu'on taille au-dessus d'un ou de deux boutons à fleur, sert à fournir à la fois les fruits et le remplacement.

Toutes les autres sortes de rameaux ayant reçu, lors des opérations d'hiver et d'été précédentes, des soins destinés à leur imposer la structure de celui que nous venons d'examiner, on leur applique le même mode de taille (1).

Quant au palissage, il est fait comme lors de la première année ; puis, l'été venu, on ébourgeonne, en ne laissant sur chaque rameau fructifère (fig. 98) que les bourgeons qui

(1) Il importe de supprimer, en faisant chaque année la taille d'hiver, les queues de pêches, car elles seraient à la longue enveloppées dans la substance même des ramifications, et nuiraient à la circulation de la séve. On doit aussi, par la même raison, enlever tous les chicots secs pour que les plaies se cicatrisent plus facilement.

accompagnent un jeune fruit. Tous les autres, même les deux de la base C, sont supprimés. Ainsi, dans la figure 98,

Fig. 98.

Ébourgeonnement du pêcher, deuxième année.

les trois bourgeons C et A du rameau B disparaîtront ; le rameau E porte les deux bourgeons qui fourniront le remplacement. Il est bien entendu que si l'un des deux bourgeons du rameau E ne s'était pas développé, on conserverait le plus rapproché de la base sur le rameau B.

Si aucun des boutons à fleur conservés sur le rameau à fruit n'a donné de fleur fertile, on taille en vert et l'on coupe en F (fig. 99) le rameau E, devenu inutile, puisque le rameau G assure le remplacement.

L'ébourgeonnement et la taille en vert des rameaux à fruit de deuxième année de formation entraînent souvent la suppression d'un tiers des bourgeons. Faits en une seule

fois, ils jettent dans la végétation de l'arbre un trouble considérable, et la maladie de la gomme peut en résulter. Il est

FIG. 99.

Taille en vert du pêcher, deuxième année.

donc utile de s'y prendre à deux fois, d'abord sur la moitié
supérieure de l'arbre, et huit ou dix jours après sur la moitié
inférieure. On y trouve encore cet avantage, que la séve,
attirée en plus grande abondance vers la partie inférieure
pendant ces huit ou dix jours, contribue à augmenter
la vigueur vers ce point, toujours moins favorisé que le
sommet.

Le pincement, le palissage d'été, la suppression des fruits
trop nombreux et l'effeuillement, sont exécutés comme pendant l'été précédent.

Quatrième année. — Au printemps de la quatrième
année, les rameaux qui ont été traités comme celui de la

11.

figure 97, et qui ont fructifié pendant l'été précédent, sont constitués comme l'indique la figure 100. On taille tout à fait

FIG. 100.

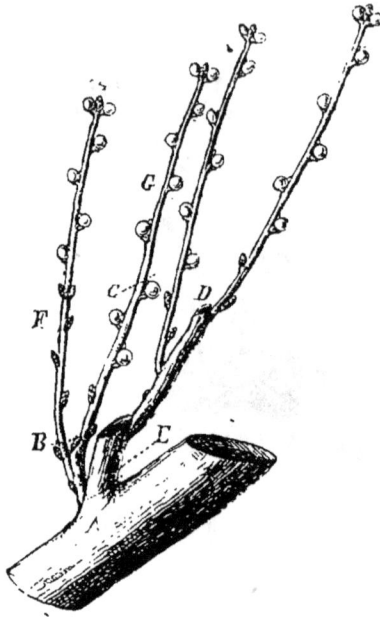

Troisième taille des rameaux à fruit du pêcher.

à sa base, en A, la branche coursonne E qui porte l'ancien rameau fructifère D. Le rameau F est taillé en B, pour fournir le remplacement, et le rameau G est coupé en C pour porter les fruits. Cette opération donne le même résultat au printemps suivant, et l'on taille alors de la même façon chaque année. Les autres opérations, soit d'hiver, soit d'été, sont d'ailleurs les mêmes que pour la troisième année.

Il arrive fréquemment que les branches coursonnes,

âgées de trois, quatre ans et plus, développent vers leur
base un ou plusieurs boutons à bois A (fig. 101). On s'em-

Fig. 101.

Fig. 102.

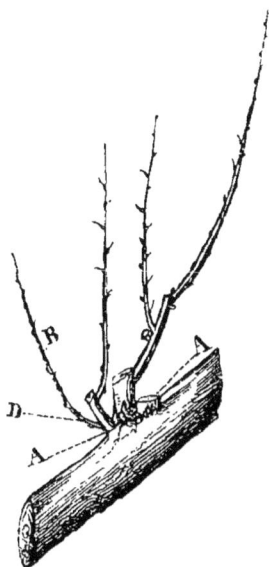

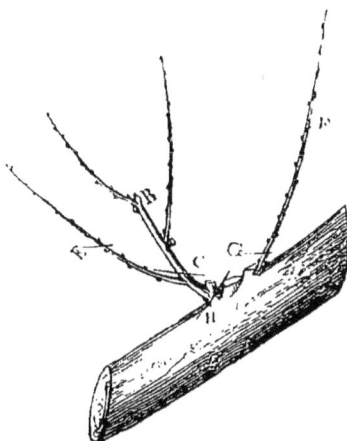

Rajeunissement des branches
coursonnes du pêcher.

Rajeunissement des branches
coursonnes du pêcher.

presse d'en profiter pour rajeunir ces coursonnes, quand
une longue production et des tailles successives les ont ren-
dues noueuses et languissantes. A cet effet, au lieu de pratiquer la taille en crochet, on ne conserve que le rameau B
et on le taille long pour servir de rameau à fruit. Pendant
l'été on conserve sur ce rameau les bourgeons qui accompagnent un fruit, plus celui qui est le plus rapproché de la
base, et l'on garde aussi un des bourgeons qui naissent des
boutons A.

Au bout d'un an, on a obtenu le résultat représenté par
la figure 102. Le rameau primitif B est alors coupé en C, et

le rameau qu'il porte à sa base en E ; ce dernier servira de rameau à fruit. Le rameau F est taillé en G, au-dessus de deux boutons à bois qui fourniront le remplacement pour l'année suivante, époque à laquelle on supprimera entièrement, en H, la branche coursonne devenue inutile.

Taille du pêcher en cordon oblique simple (Du Breuil).

Au point où en est arrivé le progrès de l'arboriculture,

Fig. 103.

et en employant les procédés les plus prompts, il faut encore dix ou douze ans pour former complétement un espalier de pêcher.

Or, la vie moyenne des pêchers en espalier est de vingt ans. D'où il résulte que l'on emploie donc la moitié de leur existence à former leur charpente, et que la moitié de la surface du mur reste inoccupée en moyenne pendant cinq ans.

Ajoutons que les soins nécessaires pour obtenir ces diverses formes, même

Cordon oblique simple, première année.

les moins compliquées, sont assez minutieux et hors de la portée du plus grand nombre des jardiniers

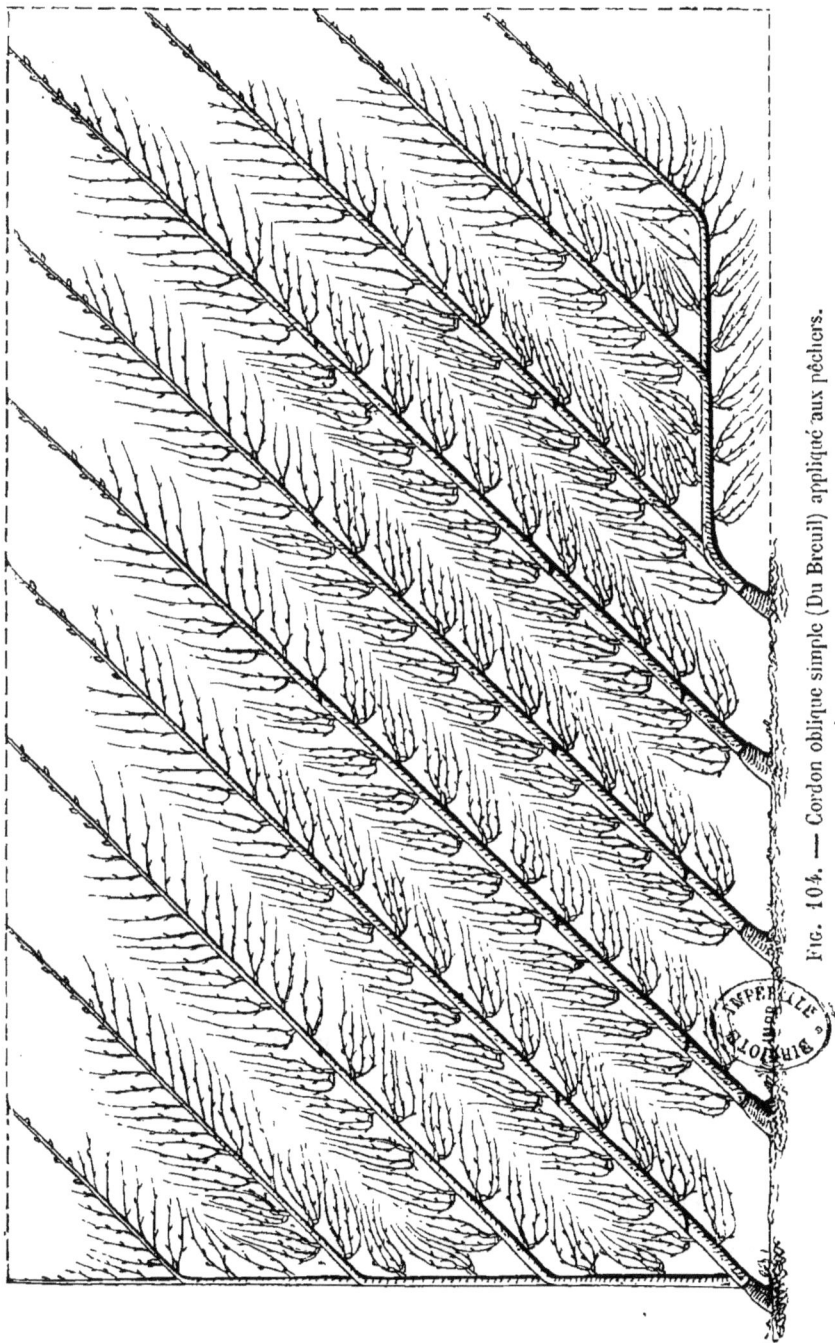

FIG. 104. — Cordon oblique simple (Du Breuil) appliqué aux pêchers.

Frappé de ces divers inconvénients, nous avons cherché
à y remédier en imaginant une nouvelle forme qui, beaucoup moins difficile à établir que toutes les autres, permet
de couvrir régulièrement toute la surface du mur dans un
laps de temps beaucoup moins long, tout en donnant aux
arbres un degré de fertilité et une durée suffisante (fig. 104).

On choisit, pour la plantation, de jeunes pêchers d'un an
de greffe et ne portant qu'une seule tige (fig. 103). On les
plante tous les 0ᵐ,75, en les inclinant d'abord les uns
sur les autres sous un angle de 60 degrés seulement. Lors
de la première taille, on les coupe à 0ᵐ,30 ou 0ᵐ,40 de
leur base, au-dessus d'un bouton à bois placé en avant
(A, fig. 103). S'il existe quelques rameaux anticipés au-
dessous de ce point, on supprime complétement tous ceux de
devant et de derrière ; tous les autres sont taillés au-dessus
des deux boutons à bois les plus rapprochés de la base.

Pendant l'été, on favorise le développement vigoureux du
bourgeon terminal, et l'on applique aux autres bourgeons
les soins nécessaires pour les transformer en rameaux à
fruit. L'ébourgeonnement, la taille en vert, le pincement,
le palissage d'été, etc., sont d'ailleurs pratiqués comme
pour les autres formes. Au printemps suivant, chacun des jeunes arbres est constitué comme le montre la
figure 105.

Lors de la seconde taille, on supprime sur le rameau
terminal le tiers environ de sa longueur totale, en coupant
toujours au-dessus d'un bouton placé en avant (A, fig. 105).
Quant aux rameaux à fruit, on les taille et on leur applique
le palissage d'hiver, comme nous l'avons indiqué pour les
autres formes. On continue d'allonger ainsi la tige de

chaque arbre en la faisant se garnir latéralement de rameaux à fruit seulement, et en lui faisant suivre le degré
d'inclinaison indiqué
d'abord. Lorsqu'elle a

FIG. 105.

parcouru les deux tiers
de l'espace qui sépare
sa base du sommet du
mur, on la couche sous
un angle de 45 degrés.
Les arbres étant placés
à 0ᵐ,75 les uns des
autres, il en résulte un
intervalle de 0ᵐ,55 me-
surés perpendiculaire-
ment d'une tige à l'au-
tre. Si l'on plaçait ces
tiges tout d'abord sui-
vant ce degré d'incli-
naison, on ferait déve-
lopper trop vigoureu-
sement les bourgeons
de la base au détriment
du bourgeon terminal.

Cordon oblique simple, deuxième année.

Lorsque ces tiges sont arrivées au haut du mur, l'espalier
est terminé, et l'on applique à l'extrémité de chacune d'elles
le mode de taille indiqué pour le sommet des branches de
la charpente des autres pêchers complétement formés.

Pour que cette disposition ne laisse pas de vide sur les
murs, il est nécessaire de commencer cette série d'arbres,
du côté opposé où ils sont inclinés, par une demi-palmette

à branches obliques (fig. 104), et de terminer l'extrémité
opposée par un arbre portant une branche mère placée
horizontalement, et qui supporte elle-même des branches
sous-mères inclinées sur un angle de 45 degrés. Cette
branche mère n'est autre chose que la tige principale de
l'arbre qui a été inclinée progressivement, et sur laquelle
on a laissé développer ensuite les branches sous-mères, en
commençant par les plus éloignées du pied de l'arbre.

Quant au point de l'horizon vers lequel il conviendra
d'incliner les tiges de cette sorte d'espalier, cela n'a pas
d'importance pour les murs exposés au midi ; mais, pour
ceux du levant, il sera préférable de les coucher vers le
sud : les rameaux à fruit du dessous seront ainsi mieux
exposés au soleil.

Cette disposition offre, sur toutes les autres formes, les
avantages suivants : Établies contre un mur de 3 mètres
d'élévation, les tiges peuvent arriver au sommet de ce mur,
et l'espalier peut être par conséquent complétement formé
dès la fin du second automne qui suit la plantation, ce qui
ne peut être obtenu avec les autres formes qu'à la dixième
année au plus tôt. La fructification est déjà abondante
pendant le troisième été, et elle arrive à son maximum dès
le quatrième été, résultat qui n'est donné que vers la
dixième année par les autres formes. Si l'un de ces arbres
vient à périr par suite d'accident, il suffit d'en replanter un
autre, et le vide est comblé dès la troisième année. Enfin
cette charpente est la plus simple de toutes, la plus facile à
établir, et l'inclinaison régulière donnée aux tiges met à la
portée de tous les jardiniers les moyens à employer pour
répartir également l'action de la séve.

Quant à la durée de ces arbres, nous sommes convaincu, par ceux qui sont soumis à cette forme depuis une quinzaine d'années et qui sont encore vigoureux, qu'elle est égale à celle des arbres soumis aux autres dispositions.

Les deux objections suivantes ont été faites à cette forme. On a craint que la séve, ne pouvant dépenser son action que sur la tige unique de ces arbres, ne fît développer trop vigoureusement les bourgeons et ne les empêchât de former des boutons à fleur. A cela nous répondons que l'action de la séve est en raison de l'abondance des racines, et que celles-ci étant bientôt arrêtées dans leur allongement par celles des pêchers voisins, ces arbres ne présentent qu'un degré de vigueur moyen. D'ailleurs, cet inconvénient existât-il, que rien ne serait si facile de le prévenir ou d'y remédier en ne plantant que des pêchers greffés sur pruniers dans les sols fertiles, ou bien en laissant développer librement pendant chaque été, au sommet de chaque tige, un ou plusieurs bourgeons vigoureux qui absorberaient la séve surabondante et qu'on supprimerait chaque année. On a dit aussi que ces espaliers ne pouvaient être convenablement placés que sur des murs très élevés. Rien n'empêche de les établir contre des murs de 2^m,50 d'élévation seulement, en employant l'un des deux moyens que nous venons d'indiquer. Quant aux murs plus bas, ils ne conviennent pas plus pour les arbres soumis aux autres formes.

DU PRUNIER.

—

Sol. — Les terrains les plus favorables au prunier sont les sols argilo-calcaires un peu frais. Ses racines, peu pivotantes, n'exigent pas une couche fertile d'une grande profondeur. Il redoute les terres siliceuses et l'humidité surabondante.

Choix des arbres. — Ordinairement on plante des sujets achetés tout greffés ; mais si l'on préfère les greffer soi-même après leur reprise, voici comment on opère.

Greffe. — Le prunier est greffé sur des sujets appartenant à la même espèce, et obtenus le plus souvent des rejetons qui se développent en grande quantité au pied de ces arbres quand les racines ont été blessées par une cause quelconque. Ces rejetons sont plantés en pépinière, puis greffés. Ce mode de multiplication est vicieux. On n'obtient ainsi que des arbres qui, privés de racines pivotantes, sont mal assurés dans la terre et s'épuisent en rejetons que leurs racines traçantes développent en très grande abondance ; en outre, ils redoutent davantage la sécheresse et n'acquièrent jamais de grandes dimensions. Il sera beaucoup mieux de prendre des sujets obtenus de noyaux, choisis parmi les variétés les plus vigoureuses.

Les greffes employées sont les mêmes que celles indiquées pour le poirier ; cependant on préfère, en général, la greffe en écusson comme étant d'une réussite plus certaine.

Variétés. — On cultive aujourd'hui plus de quatre-vingts variétés de pruniers, qu'on peut partager en deux groupes : les pruniers à fruits mangés frais, et les pruniers à fruits à pruneaux. Nous donnons ici la liste de quelques unes des meilleures variétés pour chaque époque de maturité.

NOMS DES VARIÉTÉS et DES SYNONYMES.	ÉPOQUE de LA MATURITÉ.	POSITION		EXPOSITION DES MURS.			
		Plein vent.	Espalier.	Est.	Ouest.	Sud.	Nord.

1° Pruniers à fruits mangés frais.

NOMS DES VARIÉTÉS et DES SYNONYMES.	ÉPOQUE de LA MATURITÉ.	Plein vent.	Espalier.	Est.	Ouest.	Sud.	Nord.
Saint-Jean.	Comm¹. juillet. . . .	Pl. v.	»	»	»	»	»
De Montfort.	Fin de juillet, août. .	Pl. v.	Esp.	E.	O.	S.	»
De Monsieur. . . . . . . *Gros hâtif.*	Comm¹. août.	Pl. v.	Esp.	..	O.	S.	»
Reine-Claude ordinaire. . . *Verte-et-bonne.* *Reine - Claude abricot, vert.*	Fin d'août	Pl. v.	Esp.	..	O.	S.	»
Drap d'or Esperen. . . .	Fin d'août.	Pl v.	Esp.	..	O.	S.	»
Diadème . . . . *Impératrice.*	Fin d'août	Pl. v.	Esp.	..	O.	S.	»
Reine-Claude diaphane. . .	Fin d'août.	Pl. v.	Esp.	..	O.	S.	»
Reine Victoria.	Fin d'août.	Pl. v.	Esp.	..	O.	S.	»
Petite mirabelle	Comm¹. septembre. .	Pl. v,	.. . .	..	»	»	»
Kirkès	Comm¹. septembre. .	Pl. v.	Esp.	..	O.	S.	»
Jefferson	Comm¹. septembre. .	Pl. v.	Esp.	..	O.	S.	»
Impériale de Milan. . . . *Prune d'altesse.*	Mi-septembre	Pl. v.	Esp.	..	O.	S.	»
Reine - Claude rouge Van Mons	Mi-septembre	Pl. v.	Esp.	..	O.	S.	»
Reine-Claude violette . . .	Mi-septembre	Pl. v.	Esp.	..	O.	S.	»
Reine-Claude de Bavay. . .	Fin septembre. . . .	Pl. v.	Esp.	E.	O.	S.	»
Coes golden drop . . . . *Waterloo.*	Comm¹. octobre. . .	Pl. v.	Esp.	E.	»	»	»
De la Saint-Martin. . . .	Fin octobre.	Pl. v.	»	»	»	»	»

2° Pruniers à fruits à pruneaux.

NOMS DES VARIÉTÉS et DES SYNONYMES.	ÉPOQUE de LA MATURITÉ.	Plein vent.	Espalier.	Est.	Ouest.	Sud.	Nord.
D'Agen . . . . *Robe de sergent.*	Comm¹. septembre. .	Pl. v.	»	»	»	»	»
Washington.	Mi-septembre	Pl. v.	»	»	»	»	»
Pond's seedling	Mi-septembre	Pl. v.	»	»	»	»	»
Couestche d'Italie . . . . *Fellemberg.* *Prune suisse.*	Fin septembre. . . .	Pl. v.	»	»	»	»	»
Sainte-Catherine.	Fin septembre. . . .	Pl. v.	»	»	»	»	»

TAILLE.

Le prunier est cultivé dans le jardin fruitier et dans les vergers. Dans le premier cas, on le place en plein vent et rarement en espalier, et c'est un tort ; car ses fruits, contrairement à ce qui se passe pour l'abricotier, y seraient de meilleure qualité que ceux venus en plein vent. La forme que nous conseillons d'adopter pour les arbres en plein vent est celle en *pyramide,* et pour l'espalier celle en *palmette à branches obliques* et celle en *cordon oblique double.* Quant aux arbres plantés dans le verger, c'est la disposition à *haut vent* qu'on doit leur donner. Examinons les soins qu'exigent ces quatre formes.

Taille d'un prunier en pyramide proprement dite.

Formation de la charpente. — Les procédés à l'aide desquels on impose la forme pyramidale au prunier sont les mêmes que pour le poirier. On le plante aussi à la même distance. Nous n'avons donc rien à ajouter à cet égard.

Obtention et entretien des rameaux à fruit.

Première année. — Prenons, pour suivre cette série d'opérations, un prolongement de l'une des branches latérales de la pyramide (fig. 106). Ce rameau ne présente sur toute son étendue, au printemps qui suit son développement, que des boutons à bois. Pendant l'été suivant ce rameau, qui a été taillé en A afin de faire développer tous ses boutons, y compris ceux de la base, transforme chacun de ses boutons en bourgeons plus ou moins vigoureux, selon

12.

qu'ils sont plus ou moins rapprochés du sommet. Ceux de
la base B ne développent qu'un petit prolongement long à
peine de 0^m,003 à 0^m,010 ; ceux C, placés vers la partie
moyenne, atteignent une longueur de 0^m,05 à 0^m,12 ;
enfin, ceux D peuvent acquérir une longueur de 0^m,20 à
0^m,50. Ces derniers, à l'exception du bourgeon terminal,
sont pincés lorsqu'ils ont atteint une longueur de 0^m,06,

Fig. 106.

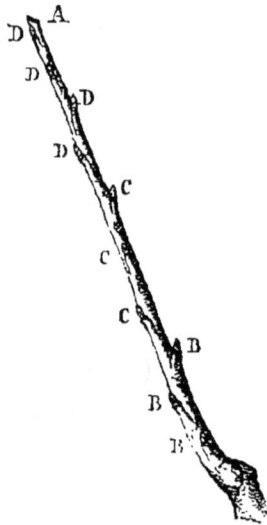

Première taille pour la formation des rameaux à fruit du prunier.

afin de les transformer en rameaux à fruit et de favoriser
l'allongement du bourgeon terminal. On supprime, en outre,
tous les bourgeons doubles ou triples, pour ne conserver
que le plus faible ou le plus vigoureux selon qu'il s'agit
d'obtenir un rameau à fruit ou un prolongement de la
branche.

Deuxième année. — Au printemps qui suit, cette branche offre l'aspect de la figure 107. Les très petits rameaux de la base B supportent un groupe de boutons à fleur au centre desquels est un bouton à bois destiné à prolonger ce petit rameau à fruit. On laisse intacts ces petits rameaux. Quant aux autres, plus longs, C et D, et qui

FIG. 107.

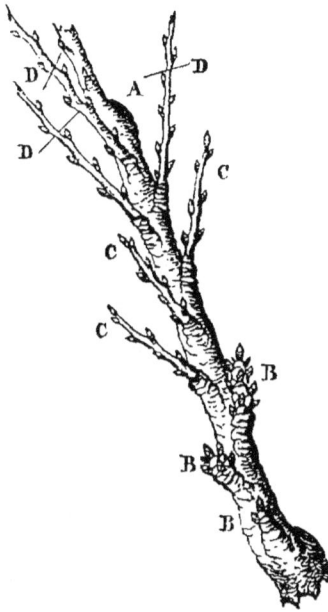

Deuxième taille des rameaux à fruit du prunier.

portent aussi un certain nombre de boutons à fleur vers la partie moyenne, puis des boutons à bois vers le sommet et la base, ceux D, qui présentent plus de 0^m,08, sont raccourcis en D, afin de favoriser le développement de nouveaux rameaux de remplacement vers la base ; car nous n'avons pas oublié que dans les arbres à fruits à noyau, les rameaux à fruit ne fructifient qu'une fois. Pendant l'été suivant, on pince encore ceux des nouveaux bourgeons qui atteindraient plus de 0ᵐ,06 ou 0ᵐ,08.

Troisième année. — Au troisième printemps la branche est constituée comme l'indique la figure 108. On voit que les petits rameaux B et C se sont un peu allongés, et que

FIG. 108.

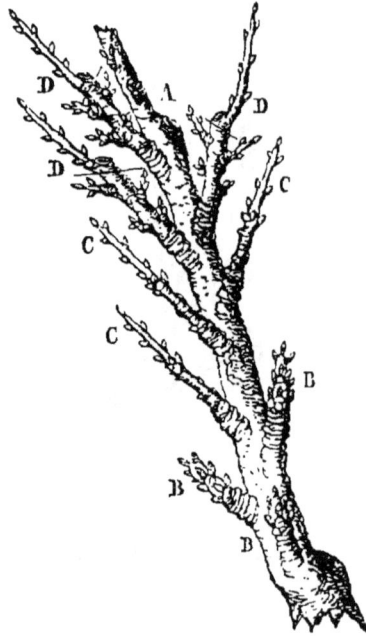

Troisième taille des rameaux à fruit du prunier..

ceux D se sont ramifiés. La plupart de ces derniers doivent être un peu raccourcis pour diminuer le nombre des fleurs qui les épuiseraient, et pour les empêcher de s'allonger outre mesure. On continue, chaque année, les mêmes opérations en raccourcissant avec soin, non seulement les rameaux D, qui s'allongeraient de nouveau, mais encore

ceux C et B, et cela afin de leur faire développer de nouveaux remplacements vers leur base.

Prunier en espalier soumis à la forme en palmette à branches obliques.

Les procédés à employer sont exactement les mêmes que
ceux indiqués pour le pêcher, à cette seule différence qu'il
suffit de réserver un intervalle de $0^m,20$ entre les branches
sous-mères et que les rameaux à fruit couvrent tous les
points de la surface des branches de la charpente, excepté
derrière. Quant à la taille des rameaux à fruit, elle est la
même que pour les pruniers en pyramide. Il suffit de réserver entre ces arbres une distance telle qu'ils couvrent sur
le mur une surface de 15 mètres carrés.

Prunier soumis à la forme en cordon oblique double.

Cette nouvelle disposition offre autant d'avantage que
pour le poirier et le pêcher. Les pruniers y seront soumis
au moyen des opérations indiquées pour le poirier. On
pourra, toutefois, ne les planter que tous les $0^m,65$, car il
n'est pas nécessaire de réserver plus de $0^m,20$ entre chaque
branche.

Prunier soumis à la forme à haut vent.

Cette forme est exclusivement réservée pour les vergers. Les pruniers reçoivent les opérations décrites pour
le poirier.

DU CERISIER.

Le cerisier offre un mode de végétation et de fructification tout à fait analogue à celui du prunier; nous avons donc peu de chose à ajouter à ce que nous venons de dire en parlant de ce dernier arbre.

Sol. — Le cerisier redoute plus l'humidité que la sécheresse. Il préfère les terrains légers ou de consistance moyenne, et surtout un peu calcaire.

Greffe. — Le cerisier est greffé sur deux sortes de sujets : sur le *prunier de Sainte-Lucie* ou *mahaleb*, et sur le *merisier.* On préfère les sujets de Sainte-Lucie pour les arbres à basse tige, soit pyramide ou autres formes en plein vent, soit en espalier. Les arbres offrent ainsi une très grande rusticité et s'accommodent plus volontiers de tous les terrains. Les sujets de merisier produisent des arbres plus vigoureux, mais plus exposés à la gomme; ils exigent, d'ailleurs, un sol de meilleure qualité. On les réserve exclusivement pour former des arbres à haut vent.

Ces deux sortes de sujets sont presque toujours greffées en écusson, à l'exception du merisier qu'on peut greffer en fente ou en couronne lorsqu'il est trop âgé pour recevoir l'écusson.

Variétés. — On cultive aujourd'hui environ quatre-vingts variétés de cerisiers; nous recommanderons les suivantes comme les meilleures pour chaque époque de maturité.

NOMS DES VARIÉTÉS et DES SYNONYMES.	ÉPOQUE de LA MATURITÉ.	POSITION		EXPOSITION DES MURS.			
		Plein vent	Espalier	Est.	Ouest.	Sud.	Nord.
Bigarreau de mai	Fin de mai	. .	Esp.	. .	. .	S.	»
Angleterre hâtive . . . . . *Royale hâtive.* *May-duck.*	Commt. juin	Pl. v.	Esp.	E.	O.	S.	»
Belle de Choisy . . . . . *Doucette.*	Juin	. .	Esp.	. .	O.	S.	»
Griotte de chaux. . . . . *Griotte d'Allemagne.*	Fin de juin	Pl. v.	Esp.	. .	O.	S.	»
Royale cherry-duck	Fin de juin	Pl. v.	Esp.	. .	O.	S.	»
Dowton.	Commt. juillet. . . .	Pl. v.	Esp.	. .	O.	S.	»
Noire de Prusse	Commt. juillet. . . .	Pl. v.	Esp.	. .	O.	S.	»
Elton.	Commt. juillet.	. .	Esp.	. .	O.	S.	»
Reine Hortense . . . . . *Monstrueuse de Bavay.*	Commt. juillet. . . .	Pl. v.	Esp.	E.	O.	S.	»
De Spa	Fin de juillet	Pl. v.	Esp.	E.	O.	S.	»
Belle de Sceaux. . . . . *Belle de Châtenay.*	Fin de juillet	Pl. v.	Esp.	E.	O.	S.	»
Griotte du Nord . . . . . *Tardive.*	Août à fin septembre.	. .	Esp.	E.	»	»	N.

TAILLE.

Le cerisier est cultivé sous trois formes principales : le *haut vent* pour les vergers, la *pyramide* et l'*espalier* pour le jardin fruitier. C'est encore la forme en *palmette à branches obliques*, ou celle en *cordon oblique double* que nous conseillons pour les espaliers.

Quant aux soins qu'il réclame, soit pour soumettre sa charpente à ces quatre formes, soit pour l'obtention et l'entretien de ses rameaux à fruit, soit enfin pour l'intervalle à réserver entre les arbres, nous renvoyons à ce que nous venons de dire à cet égard en parlant du prunier.

DE L'ABRICOTIER.

Climat et sol. — L'abricotier peut mûrir ses fruits sous tous les climats de la France ; mais comme sa floraison est des plus précoces, sa fructification est très souvent détruite par les froids tardifs et les intempéries du printemps. Aussi sa culture en plein vent n'est-elle profitable que jusque sous le climat de Paris. Au delà, vers le nord, on est obligé de le placer exclusivement en espalier, et c'est là une nécessité fâcheuse ; car, contrairement à ce qui a lieu pour les autres espèces, ses fruits sont beaucoup moins savoureux en espalier qu'en plein vent.

Le sol qui lui convient est le même que pour le prunier.

Greffe. — L'abricotier est presque toujours multiplié au moyen de la greffe en écusson, et c'est généralement le prunier qu'on choisit comme sujet.

Variétés. — L'abricotier a produit une vingtaine de variétés parmi lesquelles nous indiquerons les suivantes, comme les meilleures.

NOMS DES VARIÉTÉS et DES SYNONYMES.	ÉPOQUE de LA MATURITÉ.	POSITION.		EXPOSITION DES MURS.			
		Plein vent.	Espalier.	Est.	Ouest.	Sud.	Nord.
Abricotin	Fin juin.	Pl. v.	Esp.		O.	S.	
Abricot hâtif musqué.							»
Musch	Mi-juillet	Pl. v.	Esp.	E.	O.	S.	»
Montgamet	Fin juillet.	Pl. v.	Esp.	E.	O.	S.	»
Gros Saint-Jean	Fin juillet	Pl. v.	Esp.	E.	O.	»	»
Royal.	Mi-août	Pl. v.	Esp.	E.	O.	S.	»
Pourret.	Mi-août	Pl. v.	Esp.	E.	O.	»	»
Pêche.	Fin août	Pl. v.	Esp.		O.	S.	»
De Nancy.							
Beaugé	Commt. septembre. .	Pl. v.	Esp.	E.	O.	S.	»

TAILLE.

L'abricotier n'est généralement cultivé qu'en espalier et à haut vent. Pour l'espalier, c'est la forme en palmette à branches obliques et celle en cordon oblique double qu'on devra préférer.

Tout ce que nous avons dit du prunier, relativement à la formation de la charpente et de la taille des rameaux à fruit, et à l'intervalle à réserver entre les arbres, s'applique également à l'abricotier.

RESTAURATION

DES ARBRES MAL TAILLÉS

OU ÉPUISÉS PAR LA VIEILLESSE.

Peu d'arbres sont traités avec les soins que nous venons d'indiquer ; il ne faut donc pas s'étonner si un grand nombre sont loin de donner tous les produits qu'on pourrait en obtenir. Est-ce à dire qu'on doive les remplacer par une nouvelle plantation ? Non, car on peut rendre à la plupart d'entre eux, à l'aide d'opérations convenables, sinon une forme parfaitement symétrique, du moins une disposition assez régulière, et toute la fertilité dont ils sont susceptibles.

D'un autre côté, tous les arbres fruitiers, ceux-là même qui sont conduits avec le plus grand soin, finissent, au bout d'un certain temps, par languir et ne plus donner que de chétifs produits. Or, ces arbres ne doivent pas toujours être remplacés et l'on peut les rajeunir pour la plupart. Or cela ne manque pas d'intérêt, puisqu'on obtient ainsi des résultats plus prompts qu'en faisant une nouvelle plantation.

Restauration des arbres mal taillés.

Examinons séparément les arbres en plein vent et les arbres en espalier.

Arbres en plein vent. — On taille généralement trop court les branches latérales inférieures des arbres destinés

Fig. 100.

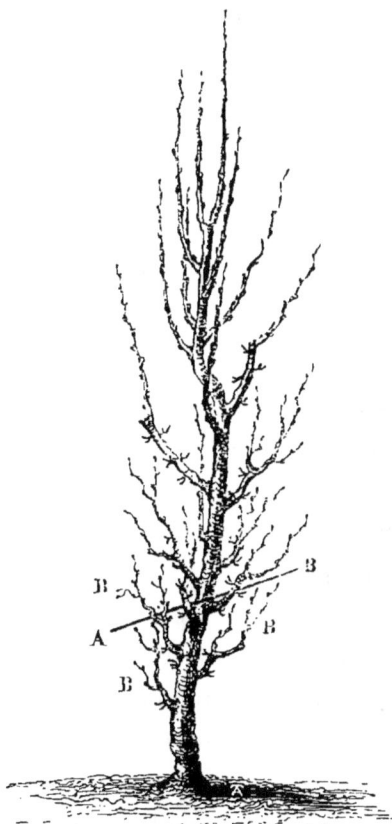

Restauration d'une jeune pyramide.

à former des pyramides, et l'on coupe trop long la flèche

et les branches latérales qui l'avoisinent. Il en résulte que la séve afflue vers le sommet de l'arbre et s'arrête à peine vers la base. Dès lors, l'accroissement des branches inférieures s'arrête avant d'avoir atteint la longueur qu'elles devraient prendre; celles-ci se chargent d'une quantité surabondante de fruits qui les épuise; elles se dessèchent peu à peu, et l'arbre finit par prendre la forme en tête.

Si ces arbres n'ont encore que de 1^m,50 à 2 mètres d'élévation (fig. 109) et qu'ils soient suffisamment vigoureux, il n'y a d'autre moyen à employer que le *recepage;* on coupe la tige en A, à environ 0^m,50 du sol; on *ravale* ensuite, tout contre la tige, les branches latérales B, et l'on applique les mêmes soins que pour une jeune pyramide au début de sa formation.

Mais lorsque l'arbre a un développement de 4 à 5 mètres comme celui qu'indique la figure 110, et que la base est encore pourvue d'un certain nombre de ramifications, on ne supprime que les deux tiers de la hauteur totale, et les branches situées immédiatement au-dessous de ce point sont *rapprochées,* c'est-à-dire coupées à 0^m,04 environ de leur naissance. Au contraire, celles qui sont placées tout à fait à la base restent entières. Quant aux branches qui sont situées entre ces deux points, on les taille de façon que leur sommet ne dépasse pas une ligne oblique qui, partant de l'extrémité des branches inférieures, s'arrêterait au sommet des branches placées au haut de la tige. On pratique en outre sur la tige, soit des entailles pour déterminer le développement de nouvelles branches latérales là où il en manque, et favoriser celles qui sont trop faibles, soit des greffes par approche ou de côté Richard (p. 16 et 28),

Fig. 110. — Restauration d'une
pyramide déjà âgée.

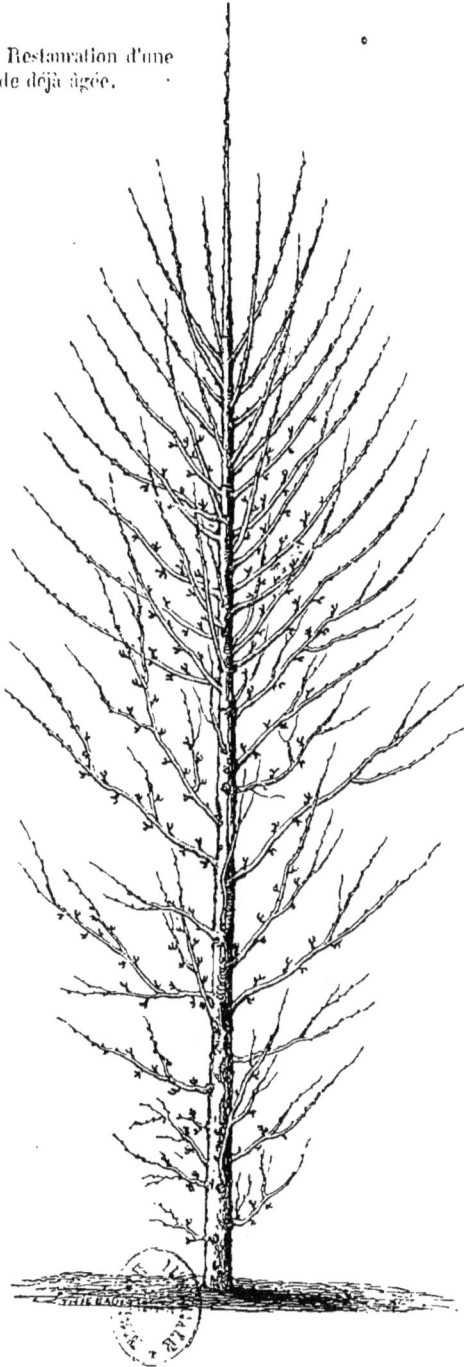

13.

pour faire naître des branches là où les entailles ne produiraient aucun développement.

Pendant l'été suivant on favorise l'allongement du bourgeon terminal des branches inférieures en pinçant celui des branches latérales du sommet, à l'exception toutefois de celui que l'on aura choisi pour prolonger la tige. Lors de la taille d'hiver, les branches inférieures seront encore laissées entières, puis on raccourcira, successivement les autres en donnant seulement une longueur de $0^m,20$ à celles du sommet, et $0^m,30$ à la flèche. Pendant l'été suivant, on refoulera encore la séve dans les parties inférieures au moyen du pincement, et à la fin de la végétation l'arbre aura repris sa forme pyramidale.

Arbres en espalier. — Distinguons les arbres à fruits à pepin de ceux à fruits à noyau. S'il s'agit de poiriers ou de pommiers, quelque âgés qu'ils soient, mais encore assez vigoureux, n'ayant aucune disposition régulière et auxquels on veut donner la forme en palmette, on cherche parmi les diverses ramifications de la base trois branches convenablement placées pour former, l'une la tige de l'arbre, et les deux autres les deux premières branches sous-mères. On supprime toutes les autres branches, et les deux latérales sont taillées sur une longueur de $0^m,50$ environ. La tige est coupée immédiatement au-dessus du point où doit naître le deuxième étage de branches sous-mères. On applique ensuite à l'arbre les soins prescrits pour former les palmettes.

Mais si ces arbres ne présentent pas les branches dont on a besoin, on n'en conserve qu'une seule, que l'on coupe à environ $0^m,30$ du sol, afin de lui faire développer les trois bourgeons qui doivent servir à commencer la charpente de la palmette.

Ce ravalement et ce recepage des arbres à fruits à pepin aura presque toujours un succès complet, parce qu'ils ont la propriété de développer de nouveaux bourgeons sur les ramifications les plus âgées; mais il n'en est pas de même pour les espèces à fruits à noyau, et particulièrement pour le pêcher. Aussi leur restauration est-elle beaucoup plus difficile, quelque vigoureux qu'ils soient.

Cette restauration n'est assurée qu'autant qu'on trouve sur ces arbres quelques jeunes branches situées de façon qu'on puisse les utiliser pour faire la nouvelle charpente, ou qu'à leur défaut, s'il existe à la base un bouton ou une petite ramification. Dans le premier cas, on ne conserve que les branches utiles pour la nouvelle charpente; dans le second, on recèpe entièrement la tige au-dessus de la petite production, et quand celle-ci s'est développée, on en fait la base du nouvel arbre.

Rajeunissement des arbres épuisés par la vieillesse.

Quelques soins que l'on donne à la taille des arbres fruitiers, il arrive, au bout d'un certain nombre d'années, qu'il se forme à chacun des points occupés par les rameaux à fruit des nœuds déterminés par la coupe et le renouvellement successif de ces rameaux. Ces nodosités opposent de graves obstacles à la circulation de la séve des racines vers les boutons, et des bourgeons vers les racines, et déterminent bientôt un état de souffrance qui finit par faire périr l'arbre.

Si cet arbre est opéré avant d'être arrivé à un état de décrépitude complète, il est presque toujours possible de le rajeunir et de lui rendre sa première vigueur, surtout s'il s'agit d'un arbre à fruits à pepin; car le succès est moins assuré sur ceux à fruits à noyau, et surtout sur le pêcher, qui ne donne presque jamais de nouveaux bourgeons sur le vieux bois.

Arbres en pyramide. — Le but essentiel du rajeunissement est de concentrer sur une étendue restreinte de tige et de branches le peu de séve dont l'arbre peut encore disposer, afin de faire développer vigoureusement de nouveaux bourgeons, et par suite un nouvel appareil de racines. Il suffit donc, pour un arbre en pyramide, de couper la tige vers la moitié de sa hauteur totale, et de tailler les branches latérales d'autant plus long qu'elles sont plus rapprochées de la base, de manière à conserver à l'ensemble de l'arbre la forme pyramidale. Celles de la base seront coupées à $0^m,60$ de leur naissance, et celles du sommet à $0^m,15$. Si l'on opère sur des arbres à fruits à pepin, et que les branches présentent une certaine grosseur et surtout une écorce épaisse et dure, il sera plus prudent, au lieu de compter sur le développement d'un nouveau bourgeon terminal pour prolonger la tige et les branches, de placer à l'extrémité de chacune d'elles une greffe en couronne qui se développera toujours plus vigoureusement que le bourgeon qui serait né de lui-même.

A la fin de l'année, la pyramide rajeunie offrira l'aspect de la figure 111. Pendant les premières années qui suivront ce rajeunissement, il sera nécessaire, pour favoriser le développement de la base, de tailler court le prolongement des

Fig. 111.

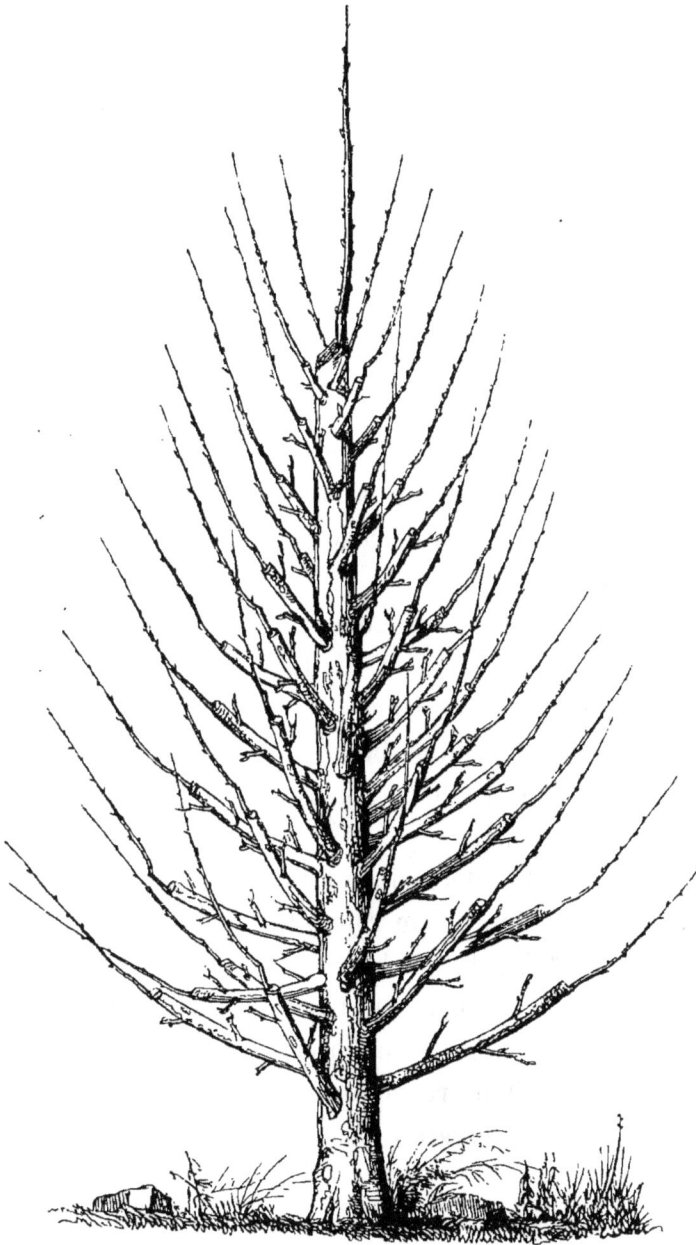

Poirier en pyramide soumis au rajeunissement.

branches du sommet, et de pincer, pendant l'été, leur bourgeon terminal.

Arbres en espalier. — Pour les arbres en espalier disposés en palmette, on supprime la moitié de la longueur de la tige, puis les branches sous-mères sont rapprochées, celles du sommet à $0^m,15$ de leur naissance, celles de la base à la moitié de leur longueur, et celles intermédiaires de manière qu'elles ne dépassent pas une ligne que l'on conduirait du sommet des branches supérieures à l'extrémité des branches inférieures. On place aussi une greffe en couronne au sommet de la tige et à l'extrémité de chacune des branches latérales. Enfin on favorise pendant quelque temps le développement de la base de l'arbre, au moyen de la taille courte des rameaux du sommet et du pincement des bourgeons.

Pour assurer le succès complet, il sera bon d'enlever avec une plane, et jusqu'au vif, toute la vieille écorce qui recouvre la tige et les branches des arbres, puis de recouvrir toute leur surface avec une bouillie de chaux éteinte. Cela stimulera l'énergie vitale de l'arbre et facilitera la sortie de nouveaux bourgeons.

En outre, on fera bien de pratiquer, à partir de la troisième année qui suivra le rajeunissement, une tranchée circulaire à $1^m,32$ du pied de l'arbre, d'une largeur de 1 mètre et d'une profondeur de $0^m,70$, et de la remplir avec une terre neuve améliorée par des engrais. Si pendant ce travail on rencontre quelqu'une des anciennes racines, on les conservera intactes.

SOINS GÉNÉRAUX

RELATIFS A LA

CULTURE DU JARDIN FRUITIER.

Outre les opérations dont nous venons de terminer l'étude, il est certains soins indispensables pour assurer la végétation vigoureuse des arbres fruitiers. Ces soins ont pour objet : la culture annuelle des plates-bandes d'arbres fruitiers et la protection à donner aux arbres contre les gelées tardives du printemps ou le soleil trop ardent de l'été.

La culture des plates-bandes les maintient, à l'aide des labours, constamment perméables aux agents atmosphériques, et nettes de mauvaises herbes; elle y entretient par les engrais une suffisante quantité de principes fertilisants; enfin elle les défend contre la sécheresse.

Labours. — Les labours ne doivent pas être très profonds, car ils endommageraient les racines, surtout des arbres greffés sur cognassier, sur prunier ou sur paradis, qui se développent toujours plus superficiellement que les autres. Dans ce dernier cas surtout, au lieu d'employer la bêche, il est préférable d'user de la fourche ou trident à dents plates (fig. 112). On est moins exposé à couper les racines. Ce labour est pratiqué chaque année immédiatement après la taille.

Fig. 112.

Fourche trident pour labourer les plates-bandes d'arbres fruitiers.

Le plus souvent on consacre les plates-bandes d'arbres fruitiers, surtout celles d'espaliers, à la culture des légumes. C'est un usage fâcheux, car dans les nombreuses façons qu'il faut donner à ces légumes on mutile constamment les racines des arbres. De plus, ces légumes épuisent singulièrement le sol. On devrait au moins se borner à la culture de quelques légumes peu épuisants, tels que les salades, et surtout ne pas y planter de choux.

Fumure. — Il ne faut pas fumer trop copieusement, lorsque les arbres ont atteint les dimensions qu'on désire qu'ils conservent, autrement on nuit à la production des fruits. Il en est tout autrement pendant la formation de la charpente. Quelques cultivateurs fument tous les trois ans. Cette pratique est vicieuse, car elle oblige à fumer trop abondamment à la fois; les fruits contractent une saveur moins agréable, et les arbres à fruits à noyau, le pêcher surtout, sont plus exposés à la maladie de la gomme. Il vaut mieux fumer peu à la fois, et fumer tous les ans.

Dans les terres argileuses on emploie les fumiers consommés, et le terreau dans les sols légers. On préfère toutefois des os concassés, des râpures de corne, des chiffons de laine, des débris de bourre et de crins ou de plumes. Ces engrais, très puissants, à décomposition lente et d'un effet très prolongé, sont plus en rapport que les fumiers proprement dits avec la longue durée des arbres. Il suffit de les renouveler tous les sept ou huit ans.

Au surplus, et quels que soient les engrais employés, il faut les répandre sur toute la surface du sol occupée par les racines et les enterrer par un labour.

Opérations contre la sécheresse du sol.

Ces opérations sont les *arrosements*, les *couvertures* et les *binages*.

Arrosements. — Les grandes chaleurs de l'été rendent souvent les arrosements nécessaires, surtout dans les sols légers, et pour les plantations faites depuis l'été précédent. Mais pour que la surface de la terre ne soit pas battue et durcie par ces arrosements, il convient de couvrir le pied de l'arbre avec de la litière consommée. Chaque jeune arbre doit recevoir, en été, un arrosoir d'eau tous les huit jours.

Ces arrosements seront toujours effectués après le coucher du soleil, et autant que possible avec de l'eau à laquelle on aura ajouté des matières fertilisantes.

Binages. — Cette opération consiste à ameublir la surface du sol jusqu'à 0^m,05 de profondeur, aussitôt qu'elle commence à se durcir et à se dessécher. Elle remplace les arrosements après la première année de plantation. C'est surtout dans les terres fortes qu'il convient d'en faire usage.

Couvertures. — Elles remplissent les mêmes fonctions que les binages, et se composent de feuilles sèches, de pailles en décomposition, de fougères, etc., qu'on répand au mois de mai sur toute la surface des plates-bandes.

14

en une couche de $0^m,04$ à $0^m,05$ d'épaisseur. On les emploie de préférence pour les terres légères.

Abris contre les gelées tardives du printemps.

Les intempéries du printemps, telles que les gelées tardives, les pluies froides, la neige, la grêle, etc., sont très nuisibles aux arbres fruitiers, et notamment à ceux à fruits à noyau.

Examinons ce que l'on peut faire pour prévenir ces accidents, et étudions séparément les arbres en espalier et ceux en plein vent.

Arbres en espalier. — Souvent on donne aux chaperons qui surmontent les murs une saillie de $0^m,25$ à $0^m,30$. Cette saillie, insuffisante pour protéger les arbres contre les intempéries, leur devient nuisible lorsque arrive la fin de mai, en ce qu'elle les prive de l'action bienfaisante des rosées et des pluies tièdes de l'été. Il est donc plus convenable de donner aux chaperons des murs une saillie de $0^m,10$ seulement et d'employer comme abri le procédé suivant :

Pour les murs dépourvus de treillage et sur lesquels on palisse à la loque, on fait sceller au-dessous du chaperon, et tous les $0^m,50$, des tringles de bois B (fig. 113) de $0^m,64$ de saillie et inclinées en avant sous un angle de 30 degrés environ. Lorsque les arbres commencent à végéter vers la seconde quinzaine de février, on attache sur ces tringles des paillassons longs de 2 mètres et larges de $0^m,64$, disposés en forme de claies (A, fig. 113) à l'aide de quatre tringles de bois, deux dessous et deux dessus, et réunies par des liens de fil de fer. Ces paillassons sont maintenus

au sommet des arbres jusqu'au moment où les fruits commencent à nouer, c'est-à-dire jusque vers le milieu du mois
de mai.

Fig. 113.

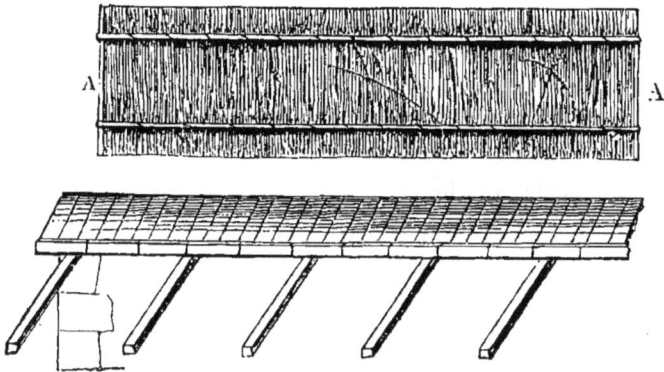

Abris pour les espaliers.

Sur les murs couverts d'un treillage, on remplace les

Fig. 114.

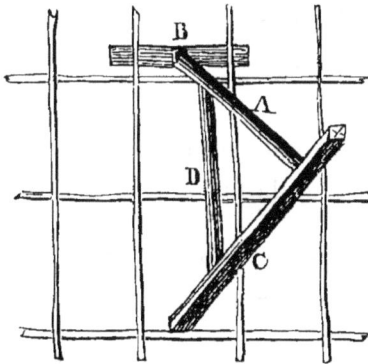

Chevalet pour les murs garnis de treillage.

tringles par de petits chevalets de bois ou de fer de la forme
de celui indiqué figure 114.

Ce procédé offre sur le premier l'avantage de faire disparaître les tringles scellées sous le chaperon des murs, et de

permettre de rapprocher à volonté les abris du sommet des jeunes arbres.

Ces abris sont surtout indispensables pour les arbres à fruits à noyau ; mais les arbres à fruits à pepin s'en trouveront aussi beaucoup mieux, particulièrement aux expositions de l'ouest et du nord.

Il est bien entendu que ces abris sont insuffisants pour défendre les arbres contre un abaissement de température de 3 à 4 degrés au-dessous de zéro, tel qu'il s'en produit accidentellement au milieu du printemps. Pour ces froids exceptionnels il n'y a d'autre moyen à employer que de tendre le soir d'épais paillassons fixés au sommet et à la base des murs; mais ce procédé n'est praticable que pour des espaliers de peu d'étendue.

Arbres en plein vent. — Il est beaucoup plus difficile d'abriter les arbres fruitiers en plein vent. Le seul moyen vraiment praticable consiste à fixer sur les branches, aussitôt après la taille, de petites poignées de fougère sèche garnie de ses feuilles, ou de paille, de façon que chaque branche soit abritée dans toute sa longueur. On enlève cet abri vers le milieu ou la fin de mai.

Opérations contre le soleil trop ardent de l'été.

Les arbres en espalier, ceux à fruits à noyau surtout, sont exposés par toutes leurs surfaces vertes à une évaporation telle que les fonctions des racines sont insuffisantes pour réparer les pertes d'humidité à mesure qu'elles ont lieu; d'un autre côté, leur position les soustrait au bénéfice des rosées de la nuit, déjà si peu abondantes pendant les grandes chaleurs de l'été.

Si l'on ne porte remède à cet état de souffrance, beaucoup périssent frappés, comme on dit, par un *coup de soleil*.

FIG. 115.

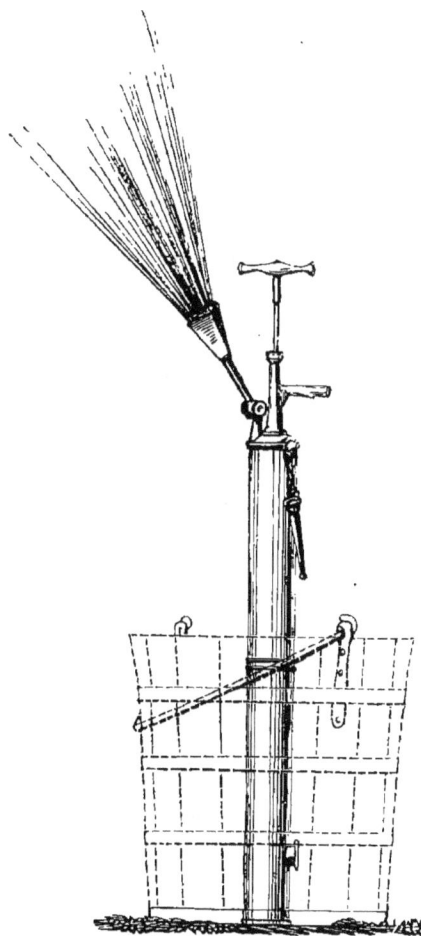

Pompe à main pour le bassinage des arbres.

Pour prévenir cet accident, on arrose, on bassine les feuilles trois fois par semaine après le coucher du soleil, pendant les grandes chaleurs de l'été, à l'aide d'une petite pompe

14.

à main à jet continu (fig. 115), placée dans un seau rempli d'eau.

L'ardeur du soleil ne nuit pas moins à l'écorce de la tige des arbres en espalier, surtout à la partie qui n'est pas abritée par les feuilles. Cette écorce se durcit, perd de son élasticité, ne se prête plus au grossissement de l'arbre, et gêne la circulation générale de la séve en comprimant les vaisseaux séveux. Elle finit même souvent par se désorganiser complétement, tombe par plaques, et laisse le bois à nu.

Fig. 116.

Coffret de bois pour abriter les tiges contre l'ardeur du soleil.

Pour combattre cette influence, on couvre le bas de la tige d'un petit abri de bois semblable à celui de la figure 116. Quant aux parties plus élevées, qui ne seraient pas protégées par les feuilles, on les garantit en les couvrant, vers la fin de mai, d'une couche de chaux éteinte à laquelle on a ajouté environ le quart de son volume de terre argileuse et assez d'eau pour en former une bouillie épaisse.

RÉCOLTE

ET

CONSERVATION DES FRUITS.

Récolte. — La plupart des fruits qui mûrissent en été et en automne doivent être cueillis un peu avant leur maturité absolue; ils sont de meilleure qualité et plus savoureux. Mais il ne faut pas exagérer ce précepte, et il suffit de huit jours pour les fruits à pepin, et d'un jour seulement pour les pêches, les abricots et les prunes. Les cerises ne sont cueillies que complétement mûres.

Les fruits à pepin qui ne complètent leur maturation qu'en hiver sont récoltés au moment où la végétation des arbres cesse, c'est-à-dire dans le courant du mois d'octobre. Quelle que soit d'ailleurs la nature des fruits, la récolte exige un temps sec et un ciel découvert. Les fruits ont alors plus de saveur et se conserveront mieux.

La meilleure méthode pour détacher les fruits consiste à les enlever un à un, à la main, sans exercer aucune pression. On a imaginé divers moyens plus ou moins ingénieux pour atteindre ceux qui sont placés au sommet des arbres; mais tous ces procédés meurtrissent les fruits, et il vaut mieux s'en tenir aux échelles.

A mesure que les fruits sont détachés, on les dépose dans un panier très large, mais peu élevé, au fond duquel on a déposé une couche de mousse ou de feuilles sèches. Il ne faut pas superposer plus de trois rangs de fruits dans le même panier; chaque rang doit être, en outre, séparé par un lit de feuilles. Ces fruits sont immédiatement transportés dans un local couvert.

Conservation. — La conservation des fruits ne s'applique guère qu'à ceux qui mûrissent en hiver. Le but est :

1° De les soustraire à l'influence des gelées qui les désorganiseraient complétement.

2° De faire en sorte que la maturation s'effectue si lentement, qu'elle se prolonge jusqu'à la fin du mois de mai. Le succès plus ou moins complet est subordonné au mode de construction du local où ces fruits sont réunis, et auquel on donne le nom de *fruiterie.*

Fruiterie. — L'expérience a démontré que la fruiterie donne des résultats d'autant plus satisfaisants qu'elle remplit plus complétement les sept conditions suivantes :

1° Une température constamment égale;

2° Une température de 8 à 10 degrés au-dessus de zéro;

3° Privation complète de l'action de la lumière;

4° Absence de communication entre l'atmosphère de la fruiterie et l'atmosphère extérieure;

5° État plutôt sec qu'humide de la fruiterie;

6° Disposition telle des fruits qu'on diminue autant que possible la pression qu'ils exercent sur eux-mêmes par leur propre poids;

7° Enfin, situation à l'exposition du nord, sur un terrain très sec et un peu élevé.

Voici la disposition d'une fruiterie que nous croyons propre à remplir toutes ces conditions.

Les dimensions du local sont déterminées par la quantité

des fruits à conserver: celui dont nous donnons le plan
(fig. 117 et 118) présente une longueur intérieure de
5 mètres sur 4 de large et 3 d'élévation. On peut y placer
8,000 fruits, en admettant que chacun d'eux occupe un
espace de $0^m,10$ carrés.

Le plancher est à $0^m,70$ au-dessous du sol environnant :
si le terrain est bien sec, on peut descendre jusqu'à 1 mètre.
Cette disposition permet de défendre plus facilement l'atmosphère de la fruiterie contre l'influence de la température extérieure. Pour empêcher l'eau des pluies de s'accu-
muler dans le sol placé près des murs et de s'infiltrer dans
la fruiterie, on donne à la surface environnante (A, fig. 117)
une pente opposée aux murs. Ceux-ci sont, en outre, construits en ciment jusqu'au-dessus du sol.

La fruiterie est entourée de deux murs (A et B, fig. 118)

Fig. 117.

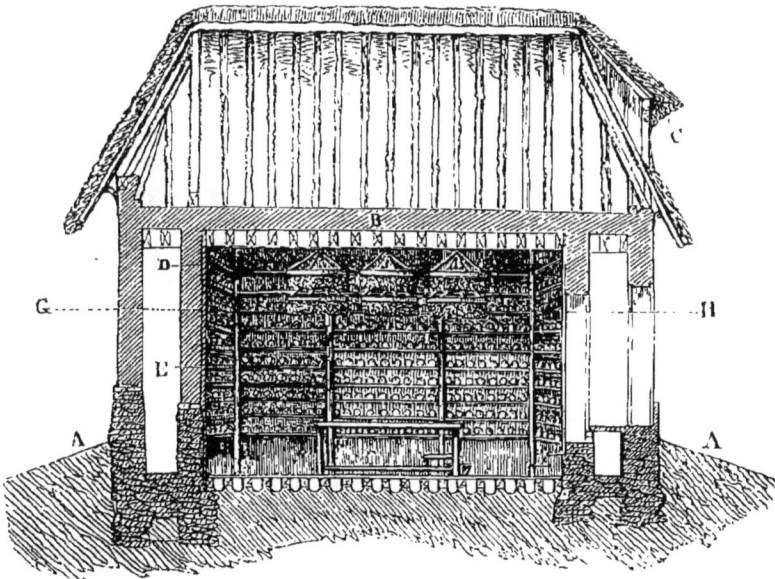

Élévation de la fruiterie suivant la ligne KL de la figure 118.

laissant entre eux un espace vide et continu, C, de 0^m,50 de large. Cette couche d'air interposée entre les deux murs est un excellent moyen de soustraire l'intérieur à l'action de la température extérieure. Ces deux murs, présentant chacun une épaisseur de 0^m,33, sont construits avec une sorte de mortier ou pisé formé de terre argileuse, de paille et d'un peu de marne. Cette matière est préférable à la maçonnerie ordinaire, d'abord parce qu'elle est moins bon conducteur de la chaleur, ensuite parce qu'elle coûte moins cher. Ces murs sont disposés de telle sorte que le sol du couloir E soit au niveau de celui de la fruiterie.

L'enceinte est percée de six ouvertures, trois dans le mur extérieur et trois dans le mur intérieur. Celles du mur extérieur, semblables aux ouvertures du mur intérieur, sont pratiquées en face de celles-ci. Ces ouvertures se composent, pour le mur extérieur :

FIG. 118.

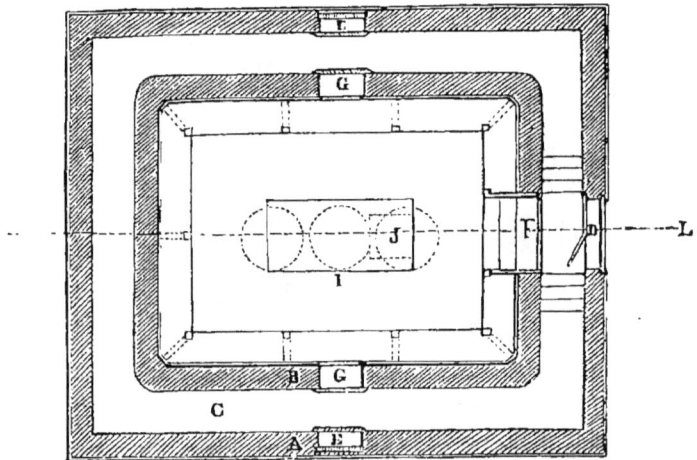

Plan de la fruiterie suivant la ligne GH de la figure 117.

1° D'une double porte D (fig. 118): la porte extérieure

s'ouvre en dehors; celle de l'intérieur, en dedans, et se ploie en deux, dans le sens de sa largeur, comme un contrevent.

Lors des fortes gelées, on tasse de la paille dans le vide laissé entre ces deux portes.

2° De deux guichets E, de $0^m,50$ carrés, placés de chaque côté, s'ouvrant à $1^m,50$ du sol et fermés par une double cloison dont l'une s'ouvre en dehors et l'autre en dedans. L'espace compris entre ces deux cloisons doit être aussi soigneusement rempli de paille au commencement de l'hiver.

Le mur intérieur présente une porte, F, et deux guichets, G); mais ici la porte est simple, les guichets sont aussi fermés par deux cloisons : celle du dehors est à coulisse, celle du dedans s'ouvre en dehors. Aussitôt que les fruits sont réunis dans la fruiterie, on doit, pour empêcher l'air du couloir de pénétrer dans l'intérieur, coller des bandes de papier sur les jointures des guichets. Ces guichets sont destinés seulement à laisser pénétrer dans l'intérieur l'air et la lumière, afin de pouvoir nettoyer et aérer facilement la fruiterie avant d'y rentrer la récolte. Nous verrons tout à l'heure qu'il est facile de se débarrasser de l'humidité intérieure, déterminée par la présence des fruits, sans qu'il soit besoin d'avoir recours à des courants d'air.

Le plafond (B, fig. 117) se compose d'une couche de mousse, maintenue par des lattes et recouverte en dessus et en dessous d'une couche de batifodage; le tout présentant une épaisseur de $0^m,33$. Ce mode de construction est indispensable pour empêcher l'influence de la température extérieure de se faire sentir à travers ce plafond.

Ce plafond est surmonté d'une toiture de chaume épaisse d'au moins $0^m,33$. On réserve dans cette toiture une lu-

carne C, qui permet d'utiliser le grenier. Cette lucarne doit
être soigneusement fermée.

Le sol de la fruiterie est parqueté de chêne. Les parois
et même le plafond doivent recevoir un lambris de sapin.
Ces précautions concourent encore à maintenir dans l'intérieur une température égale et une atmosphère exempte
d'humidité.

Toutes les parois sont garnies, depuis 0^m,50 du parquet
jusqu'au plafond, de tablettes de sapin destinées à recevoir
les fruits. Elles sont placées à 0^m,25 les unes des autres,
et présentent une largeur de 0^m,50.

Afin qu'on puisse voir à la fois tous les fruits rangés
sur ces tablettes, on donne aux plus élevées (D, fig. 117)
une inclinaison de 45 degrés environ. Cette pente diminue
à mesure que l'on descend, jusqu'à ce que, arrivées à 1^m,50
du sol, les tablettes (E, fig. 117) se trouvent placées horizontalement. Toutes les tablettes inclinées en avant présentent la forme d'un gradin (A, fig. 119); chaque degré offre
une largeur de 0^m,10 environ, et est muni d'un petit rebord
en saillie de 0^m,02.

Afin que l'air puisse circuler librement du bas en haut
entre ces tablettes, on laisse libre le derrière de chacun des
degrés disposés en gradin. Quant à ceux placés horizontalement (B), on atteint le même but en les formant à
l'aide de feuillets larges de 0^m,10 et suffisamment espacés
entre eux. Ces diverses tablettes, fixées contre le lambris
à l'aide de tasseaux, sont soutenues en avant par des montants D, placés à 1^m,50 les uns des autres. Des traverses E,
attachées sur ces montants, supportent des tringles horizontales (F) ou obliques et taillées en crémaillère (G), suivant

la disposition des tablettes, et sur lesquelles s'appuient ces dernières sur toute leur largeur.

Fig. 119.

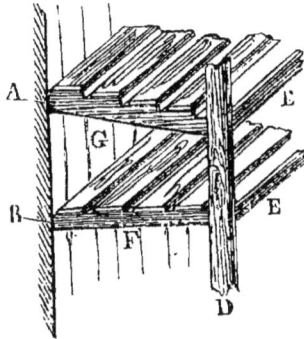

Tablettes horizontales et inclinées de la fruiterie.

Au centre de la fruiterie nous avons réservé une table longue de 2 mètres et large de 1 mètre, isolée des tablettes par un espace de 1 mètre. Le dessus de cette table, destiné à recevoir momentanément des fruits, est entouré d'un rebord semblable à celui des tablettes. Le dessous est pourvu de trois tablettes horizontales disposées comme les précédentes.

Il arrive parfois qu'on peut éviter une partie notable des frais de construction de la fruiterie. Si, par exemple, on peut disposer d'une cave placée sous terre, ou mieux d'une grotte creusée dans le roc, on en profite pour y établir la fruiterie. On n'a alors qu'à s'occuper de l'aménagement intérieur, qui doit toujours rester le même. Toutefois il est indispensable que cette grotte ou cette cave soit parfaitement sèche et bien à l'abri de la température extérieure.

Soins à donner aux fruits dans la fruiterie. — Le succès de la conservation des fruits dépend encore des soins

15

qu'on leur donne dans la fruiterie. A mesure que les fruits
y sont rentrés, on les dépose sur la table, que l'on a couverte
d'une petite couche de mousse bien sèche. Là on trie et l'on
met à part chaque variété ; on sépare avec soin tous les fruits
tachés et meurtris qui ne se conserveraient pas, puis on
abandonne les fruits sains sur la table pendant deux ou
trois jours, afin de leur laisser perdre une partie de leur
humidité.

Après ces quelques jours, on répand sur chaque tablette
une petite couche de mousse sèche ou de coton, on essuie
les fruits doucement avec un morceau de flanelle, et on les
range en laissant entre chacun d'eux un espace de 0^m,01, et
en réunissant ensemble les variétés semblables.

Lorsque tous les fruits sont ainsi disposés, on laisse les
portes et les guichets ouverts pendant le jour, à moins qu'il
ne fasse un temps humide. Huit jours d'exposition à l'air
sont nécessaires pour enlever aux fruits l'humidité surabondante qu'ils renferment. Après quoi on ferme hermétique-
ment toutes les issues, et les portes ne sont plus ouvertes
que pour le service intérieur.

Jusqu'à présent, on n'a employé d'autres moyens, pour
enlever l'humidité répandue par les fruits dans la fruiterie,
que de déterminer des courants d'air plus ou moins in-
tenses. Ce procédé présente des inconvénients assez graves.
Et d'abord, on permet ainsi à la température intérieure de
s'équilibrer avec celle du dehors, ce qui produit le plus
souvent un changement de température nuisible dans la
fruiterie. D'un autre côté, les fruits se trouvent momentanément éclairés; ce qui hâte aussi leur maturation. Enfin ce
procédé, tout vicieux qu'il est, ne peut encore être mis en

pratique qu'autant que la température extérieure n'est pas au-dessous de zéro et que le temps est sec. Or, comme pendant l'hiver le contraire a presque toujours lieu, il s'ensuit que l'on est obligé d'abandonner les fruits à l'humidité nuisible de la fruiterie.

Pour faire disparaître cette cause de non-succès, nous conseillons l'emploi du *chlorure de calcium* (1). Ce sel, d'un prix très modique, a la propriété d'absorber une si grande quantité d'humidité (environ le double de son poids), qu'il devient liquide après avoir été exposé, pendant un certain temps, à l'influence d'un air humide. On peut donc facilement s'expliquer comment, introduit dans la fruiterie en quantité suffisante, il absorbe l'humidité dégagée par les fruits, et maintient l'atmosphère dans un état de siccité convenable. La chaux vive présente bien aussi, en partie, la même propriété d'absorption ; mais il s'en faut de beaucoup que ce soit à un aussi haut degré.

Pour employer le chlorure de calcium, on construit une sorte de caisse de bois, A, doublée de plomb (fig. 120), présentant une surface de 0^m,50 carrés et une profondeur de 0^m,10. Elle doit être élevée à 0^m,40 du sol environ, sur une petite table, B, présentant sur l'un de ses côtés, en C, une pente de 0^m,03. Au milieu du côté le plus bas de la caisse, on réserve une petite ouverture ou déversoir, D. Ce petit appareil étant placé dans la fruiterie, sous l'un des bouts de la table (J), on y répand du chlorure de calcium bien sec, en morceaux poreux et non fendus, sur une épais-

(1) Il faut bien se garder de confondre ce sel avec le *chlorure de chaux* employé comme moyen de désinfection, et dont l'usage dans la fruiterie donnerait lieu aux résultats les plus fâcheux.

seur d'environ 0^m,08; à mesure qu'il se liquéfie, le liquide s'écoule par le déversoir et tombe dans un vase de grès placé au-dessous. Si la quantité de chlorure employée est

Fig. 120.

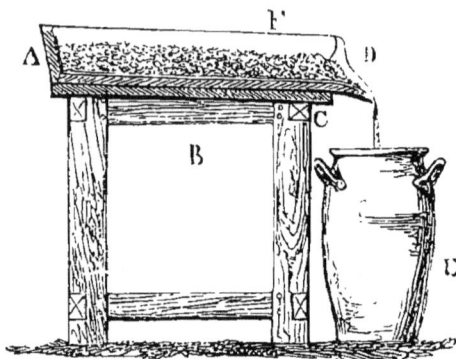

Appareil pour recevoir le chlorure de calcium dans la fruiterie.

entièrement liquéfiée avant la consommation totale des fruits, on en ajoute une nouvelle dose. Il suffira d'environ 20 kilogr. de ce sel, employé, en trois fois, pour enlever à la fruiterie toute l'humidité nuisible. Le liquide qui résulte de cette opération doit être soigneusement conservé dans des vases de grès, couverts avec soin, jusqu'à l'année suivante. A cette époque, lorsque la fruiterie est de nouveau remplie, on verse ce liquide dans un vase de fonte, on le place sur le feu, et l'on fait évaporer jusqu'à siccité. Le résidu est encore du chlorure de calcium, que l'on peut employer chaque année de la même manière.

La fruiterie doit être visitée tous les huit jours pour enlever les fruits qui commencent à se gâter, mettre à part ceux qui sont mûrs, et renouveler au besoin le chlorure de calcium.

FIN.

TABLE ALPHABÉTIQUE

DES MATIÈRES CONTENUES DANS CET OUVRAGE.

15.

C

E

F

G

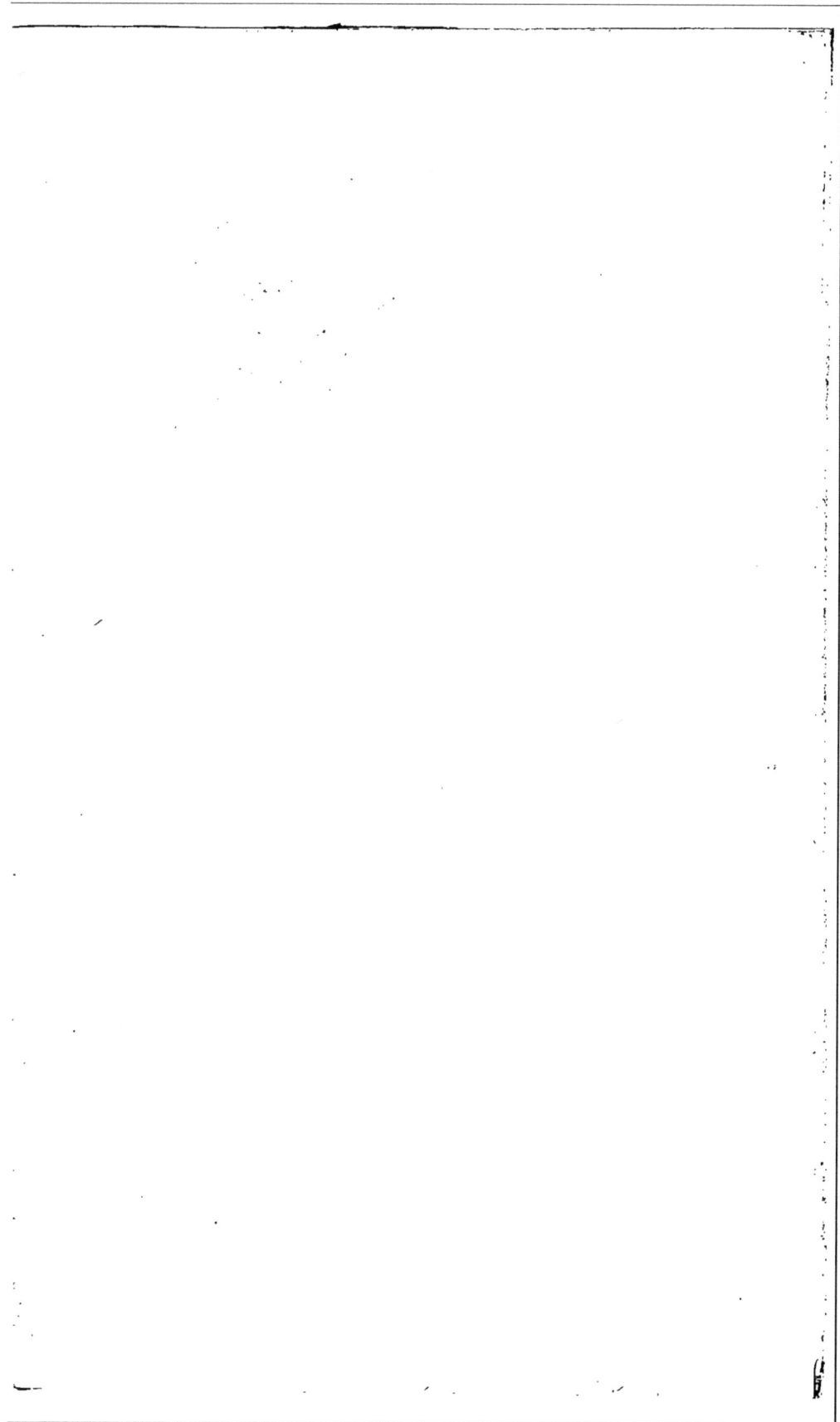

www.ingramcontent.com/pod-product-compliance
Lightning Source LLC
Chambersburg PA
CBHW060609210326
41519CB00014B/3608